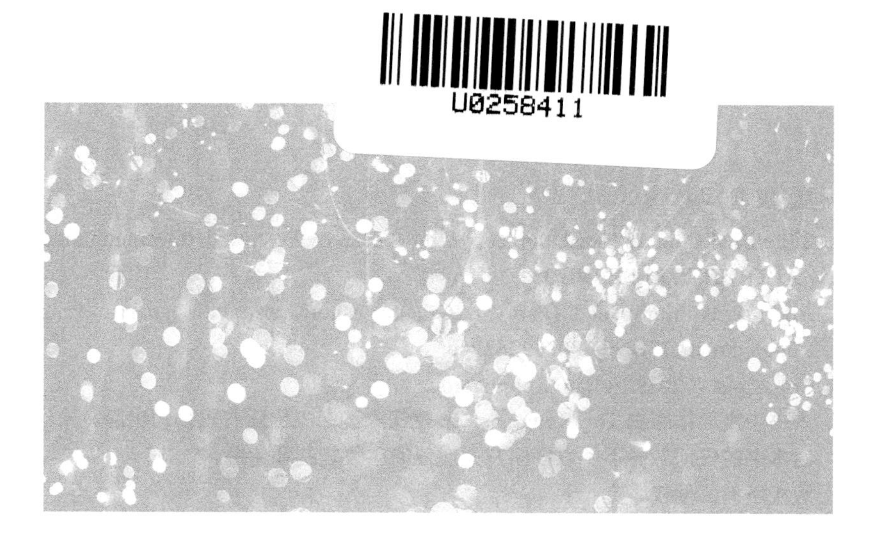

算法详解（卷3）

——贪心算法和动态规划

Algorithms Illuminated

Part 3: Greedy Algorithms AND Dynamic Programming

[美] 蒂姆·拉夫加登（Tim Roughgarden）著　徐波 译

人民邮电出版社

北京

图书在版编目（CIP）数据

算法详解. 卷3，贪心算法和动态规划 /（美）蒂姆
·拉夫加登（Tim Roughgarden）著；徐波译. -- 北京：
人民邮电出版社，2023.7（2023.11重印）
ISBN 978-7-115-56334-7

Ⅰ. ①算… Ⅱ. ①蒂… ②徐… Ⅲ. ①电子计算机—
算法理论 Ⅳ. ①TP301.6

中国版本图书馆CIP数据核字(2021)第063177号

版权声明

◆ 著　　　[美] 蒂姆·拉夫加登（Tim Roughgarden）
译　　　徐　波
责任编辑　武晓燕
责任印制　王　郁　焦志炜
◆ 人民邮电出版社出版发行　　北京市丰台区成寿寺路 11 号
邮编　100164　　电子邮件　315@ptpress.com.cn
网址　https://www.ptpress.com.cn
涿州市般润文化传播有限公司印刷
◆ 开本：720×960　1/16
印张：13　　　　2023 年 7 月第 1 版
字数：190 千字　　　　2023 年 11 月河北第 3 次印刷
著作权合同登记号　图字：01-2019-7047 号

定价：69.80 元

读者服务热线：(010)81055410　印装质量热线：(010)81055316
反盗版热线：(010)81055315
广告经营许可证：京东市监广登字 20170147 号

内容提要

“算法详解”系列图书共有 4 卷，本书是第 3 卷——贪心算法和动态规划。其中贪心算法主要包括调度、最小生成树、聚类、哈夫曼编码等，动态规划主要包括背包、序列比对、最短路径、最佳搜索树等。本书的每一章均有小测验和章末习题，这将为读者的自我检查以及进一步学习提供方便。

本书作者提供丰富而实用的资源，能够帮助读者提升算法思维能力。本书适合计算机专业的高校教师和学生、想要培养和训练算法思维、计算思维的 IT 专业人士，以及面试官和正在准备面试的应聘者阅读、参考。

前　言

本书是在我的在线算法课程基础之上编写的，是本系列图书（共 4 卷）的第 3 卷。这个在线算法课程从 2012 年起就定期发布，它建立于我在斯坦福大学讲授多年的本科课程的基础之上。本系列的前两卷并不是阅读卷 3 的先决要求，不过本卷的部分内容要求读者对“大 O 表示法”（卷 1 的第 2 章或卷 2 的附录介绍）、分治算法（卷 1 的第 3 章）和图（卷 2 的第 1 章）有所了解。

本书涵盖的内容

本书介绍两个基本的算法设计范例，并提供一些相关的案例。

贪心算法及其应用

贪心算法通过一系列短视和不可逆的决策序列来解决问题。对于很多问题而言，设计一种具有“炫目”速度的贪心算法是非常容易的。大多数贪心算法并不能保证其正确性，但我们将讨论一些重量级的应用，它们并不受这条规则的制约。贪心算法的例子包括调度问题、最优压缩以及图的最小生成树。

动态规划算法及其应用

通过严谨的算法研究所获得的好处很少能够与精通动态规划所获得的好处相匹敌。某些设计范例需要大量的实践才能完善，但有无数的问题是无法通过其他任何更简单的方法解决的。我们的动态规划训练将涵盖这种编程范例的一些重要应用，包括背包问题、Needleman-Wunsch 基因序列对齐算法、克努特（Knuth）的最优二叉搜索树算法以及贝尔曼 • 福特（Bellman • Ford）和弗洛伊德（Floyd • Warshall）的最短路径算法。

关于本书内容的更详细介绍，可以阅读每章的“本章要点”，它对每章的内容，特别是那些重要的概念进行了总结。“后记 算法设计工作指南”对贪心算法和动态规划算法应用于更大算法场景的方式进行了概括。

书中带“*”的章节是难度较高的章节。时间较为紧张的读者在第一遍阅读时可以跳过这些内容，这并不会影响本书阅读的连续性。

“算法详解”系列其他几卷所涵盖的主题

“算法详解”系列图书的卷 1 讨论了渐进性表示法（大 O 表示法以及相关表示法）、分治算法和主方法，随机化的 QuickSort 及其分析以及线性时间的选择算法。“算法详解”系列图书的卷 2 重点讨论了数据结构（堆、平衡搜索树、散列表、布隆过滤器）、图形基本单元（宽度和深度优先的搜索、连通性、最短路径）以及它们的应用（从去除重复到社交网络分析）。“算法详解”系列图书的卷 4 则介绍 NP 完整性及其对算法设计师的意义，还讨论了处理难解的计算问题的一些策略，包括对试探法和局部搜索的分析。

读者的收获

精通算法需要大量的时间和精力，那为什么要学习算法呢？

成为更优秀的程序员

读者将学习一些“炫目”的、用于处理数据的高速子程序以及一些实用的数据结构，它们用于组织数据，我们可以将其直接部署到自己的程序中。理解和使用这些知识将扩展读者的编程知识范围并提高读者的编程技术水平。读者还将学习基本的算法设计范例，它们与许多不同领域的不同问题密切相关，并且可以作为预测算法性能的工具。这些“算法设计范例”可以帮助读者为自己遇到的问题设计新算法。

加强分析技巧

读者将获得大量对算法进行描述和推导的实践机会。通过数学分析，读者将对“算法详解”系列图书所涵盖的特定算法和数据结构产生深刻的理解。读者还将掌握一些广泛用于算法分析的实用数学技巧。

形成算法思维

在学习算法之后，我们很难发现有什么地方没有它们的踪影。无论是坐电梯、观察鸟群，还是管理自己的投资组合，甚至是观察婴儿的认知，算法思维都如影随形。算法思维在计算机科学之外的领域，包括生物学、统计学和经济学等领域越来越实用。

融入计算机科学家的圈子

研究算法就像观看计算机科学最近 60 年发展的精彩剪辑。当读者参加一场计算机科学界的鸡尾酒会，会上有人讲了一个关于 Dijkstra 算法的笑话时，你就不会感觉自己被排除在这个圈子之外了。在阅读本系列图书之后，读者将了解许多这方面的知识。

在技术访谈中脱颖而出

在过去的这些年里，有很多学生向我讲述了“算法详解”系列图书是怎样帮助他们在技术访谈中脱颖而出的。

其他算法教材

“算法详解”系列图书只有一个目标：尽可能以读者容易接受的方式介绍算法的基础知识。读者可以把本书看成专家级算法教师的课程记录，教师以课程的形式传道解惑。

市面上还有一些非常优秀的、更为传统和全面的算法教材，它们都可以作为“算法详解”系列关于算法的其他细节、问题和主题的有益补充。我鼓励读者探索和寻找自己喜欢的其他教材。另外，还有一些教材的出发点有所不同，它们偏向于站在程序员的角度寻找一种特定编程语言的成熟算法实现。网络中存在大量免费的这类算法的实现代码。

本书的目标读者

“算法详解”系列图书以及作为其基础的在线课程的整体目标是尽可能扩展

读者群体的范围。学习我的在线课程的人具有不同的年龄、背景、生活方式，有大量来自全世界各个角落的学生（包括高中生、大学生等）、软件工程师（包括现在的和未来的）、科学家和专业人员。

本书并不是讨论编程的，理想情况下读者至少应该熟悉一种标准编程语言（例如 Java、Python、C、Scala、Haskell 等）并掌握基本的编程技巧。作为一个立竿见影的试验，读者可以试着阅读第 2.2 节。如果读者觉得自己能够看懂，那么看懂本书的其他部分应该也是没有问题的。如果读者想要提高自己的编程技术水平，那么可以学习一些非常优秀的讲述基础编程的免费在线课程。

我们还会根据需要通过数学分析帮助读者理解算法为什么能够实现目标以及它是怎样实现目标的。埃里克 • 雷曼（Eric Lehman）、F.汤姆森 • 莱顿（F. Thomson Leighton）和艾伯特 • R.迈耶（Albert R.Meyer）关于计算机科学的数学知识的免费课程是较为优秀的，可以帮助读者复习数学符号（例如Σ和∀）、数学证明的基础知识（归纳、悖论等）、离散概率等更多知识。

其他资源

“算法详解”系列的在线课程当前运行于 Coursera 和 Stanford Lagunita 平台。另外，还有一些资源可以帮助读者根据自己的意愿提升对在线课程的体验。

- 视频。如果读者觉得相比阅读文字，更喜欢听和看，那么可以在视频网站中观看视频。这些视频涵盖了“算法详解”系列的所有主题。我希望它们能够激发读者学习算法的持续的热情。当然，它们并不能完全取代书。
- 小测验。读者怎么才能知道自己是否完全理解本书所讨论的概念呢？本书的小测验及其答案和详细解释就起到这个作用。当读者阅读这部分内容时，最好能够停下来认真思考，然后继续阅读接下来的内容。
- 章末习题。每章的末尾都有一些相对简单的习题，用于测试读者对该章内容的理解程度。另外，还有一些开放性的、难度更大的挑战题。本书并未包含章末习题的答案，但是读者可以通过本书的论坛（稍后提及）与作者以及其他读者交流。

- 编程题。许多章的最后有一个建议的编程项目，其目的是通过创建自己的算法工作程序，来帮助读者更深入地理解算法。读者可以在 algorithmsilluminated 网站上找到数据集、测试例以及它们的答案。
- 论坛。在线课程能够取得成功的一个重要原因是它们为参与者提供了互相帮助的机会，读者可以通过论坛讨论课程教材和调试程序。本系列图书的读者也有同样的机会，可以通过 algorithmsilluminated 网站参与活动。

致谢

如果没有过去几年里我的算法课程中数以千计的参与者的热情和渴望，“算法详解”系列图书就不可能面世。这些课程既包括斯坦福大学的课程，又包括在线平台的课程。我特别感谢那些为本书的早期草稿提供详细反馈的人：托尼娅•布拉斯特（Tonya Blust）、曹元（Yuan Cao）、卡洛斯•吉亚（Carlos Guia）、吉姆•休梅尔辛（Jim Humelsine）、弗拉基米尔•科克舍涅夫（Vladimir Kokshenev）、巴伊拉姆•库利耶夫（Bayram Kuliyev）和丹尼尔•津加罗（Daniel Zingaro）。

我非常希望得到读者的建议和修正意见，读者可通过上面所提到的网站与我进行交流。

蒂姆•拉夫加登

美国纽约

服务与支持

本书由异步社区出品，社区（https://www.epubit.com）为您提供后续服务。

提交勘误信息

作者、译者和编辑尽最大努力来确保书中内容的准确性，但难免会存在疏漏。欢迎您将发现的问题反馈给我们，帮助我们提升图书的质量。

当您发现错误时，请登录异步社区，按书名搜索，进入本书页面，单击“发表勘误”，输入错误信息，单击“提交勘误”按钮即可，如下图所示。本书的作者和编辑会对您提交的错误信息进行审核，确认并接受后，您将获赠异步社区的100积分。积分可用于在异步社区兑换优惠券、样书或奖品。

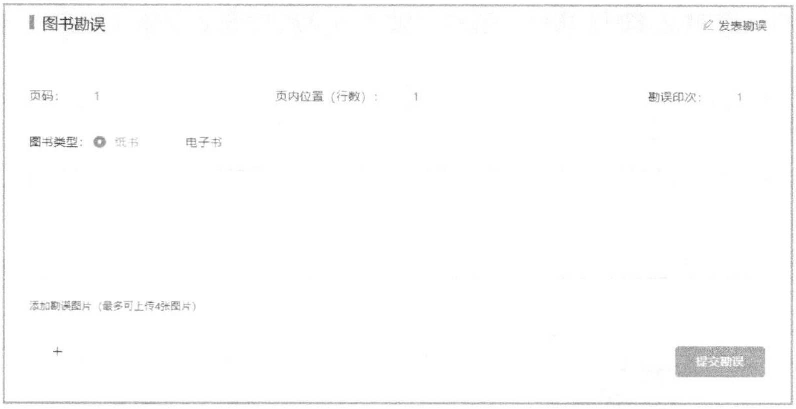

与我们联系

我们的联系邮箱是 contact@epubit.com.cn。

如果您对本书有任何疑问或建议，请您发邮件给我们，并请在邮件标题中注明本书书名，以便我们更高效地做出反馈。

如果您有兴趣出版图书、录制教学视频，或者参与图书翻译、技术审校等工作，可以发邮件给我们；有意出版图书的作者也可以到异步社区投稿（直接访问 www.epubit.com/contribute 即可）。

如果您所在的学校、培训机构或企业想批量购买本书或异步社区出版的其他图书，也可以发邮件给我们。

如果您在网上发现有针对异步社区出品图书的各种形式的盗版行为，包括对图书全部或部分内容的非授权传播，请您将怀疑有侵权行为的链接通过邮件发送给我们。您的这一举动是对作者权益的保护，也是我们持续为您提供有价值的内容的动力之源。

关于异步社区和异步图书

“异步社区”是人民邮电出版社旗下 IT 专业图书社区，致力于出版精品 IT 图书和相关学习产品，为作译者提供优质出版服务。异步社区创办于 2015 年 8 月，提供大量精品 IT 图书和电子书，以及高品质技术文章和视频课程。更多详情请访问异步社区官网 https://www.epubit.com。

“异步图书”是由异步社区编辑团队策划出版的精品 IT 专业图书的品牌，依托于人民邮电出版社的计算机图书出版积累和专业编辑团队，相关图书在封面上印有异步图书的 LOGO。异步图书的出版领域包括软件开发、大数据、人工智能、测试、前端、网络技术等。

异步社区

微信服务号

目　　录

第 1 章

贪心算法概述

算法设计及分析之优美，大多来自算法的基本设计原则以及在解决具体的计算问题时这些原则的具体体现之间的相互影响。在算法设计中，不存在能够解决所有计算问题的“万能钥匙”。但是，有一些基本的算法设计范例可以帮助我们解决许多不同应用领域的问题。学习这些算法设计范例以及它们著名的应用实例正是本系列图书的主要目标之一。

1.1 贪心算法设计范例

1.1.1 算法设计范例

什么是“算法设计范例”呢？在本系列图书的卷 1 中，我们已经看到一个经典的例子，也就是分治算法范例。这个范例是按照下面的方式进行的。

1. 分治算法范例

（1）把输入划分为更小的子问题。

（2）递归地解决子问题。

（3）把子问题的解决方案组合为原问题的解决方案。

在本系列图书的卷 1 中，我们看到了这个算法范例的很多实例：MergeSort 和 QuickSort 算法、Karatsuba 的 $O(n^{1.59})$时间级的两个 n 位整数相乘算法、Strassen 的 $O(n^{2.71})$时间级的两个 $n \times n$ 矩阵的相乘算法等。

本系列图书卷 3 的前半部分讨论贪心算法的设计范例。贪心算法的准确定义是什么？关于这个问题，可以说是“唾沫和墨汁横飞”。在这里我们不想横生枝节，因此只讨论它的一个非正式定义。①

2．贪心算法范例

通过一个“短视”的决策序列，以迭代的方式创建一个解决方案，并期望一切最终都能按照这种方案得到解决。

领会贪心算法精神的较好方式是通过实例。我们接下来将观察一些实例。②

1.1.2 贪心算法设计范例的特性

在我们的例子中，有一些特性值得关注（读者在钻研了一个或多个例子之后可能会重新阅读本节，因此我尽量说得不那么抽象）。首先，对于许多问题，令人吃惊的是找到一种甚至多种看上去似乎行之有效的贪心算法很容易。这虽是优点但也暗藏陷阱。当我们受困于某个问题时，贪心算法很可能就是我们脱困的“良方”。但是，我们又很难评估哪种贪心算法是最为适合的。其次，贪心算法的运行时间分析常常非常简单。例如，许多贪心算法的运行时间可以归纳为排序复杂度加上一些线性时间的额外处理，此时一种良好的贪心算法实现的运行时间可以达到 $O(n\log n)$，其中 n 是需要进行排序的对象数量。③（大 O 表示法忽略了常数

---

① 如果想探究贪心算法的正式定义，可以从 Allan Borodin、Morten N.Nielsen 和 Charles Rackoff 的论文（Incremental）Priority Algorithm[（增量的）优先级算法，*Algorithmica*，2003]入手。

② 本系列图书卷 2 的读者已经看到过一种贪心算法，即 Dijkstra 的最短路径算法。这种算法采用迭代的方式计算从一个起始顶点到图中其他每个顶点的最短路径长度。在每次迭代中，这种算法采用不可反悔和短视的方式提交到达一个额外顶点的最短路径长度，通常不会重新回到原先的决策。在仅包含非负长度边的图中，这种算法不会遇到问题，所有估测的最短路径长度都是正确的。

③ 例如，MergeSort（参见卷 1 的第 1 章）和 HeapSort（参见卷 2 的第 4 章）是两种 $O(n\log n)$时间级的排序算法。另外，随机化的 QuickSort（参见卷 1 的第 5 章）的平均运行时间也是 $O(n\log n)$。

项以及仅是常数因子不同的对数函数，因此不需要指定对数的底。）最后，我们常常很难确定一种推荐的贪心算法对于每种可能的输入是否都能返回正确的输出。我们所害怕的情况是算法中的某些不可后悔的短视决策可能会是一直萦绕在我们心头的“阴影”，当我们明确它是个糟糕思路的时候往往已是“事后诸葛”。而且，即使一种贪心算法是正确的，要想证明这一点也是非常困难的。[①]

贪心算法范例的优点和缺点

（1）容易想出一种或多种贪心算法。

（2）容易分析运行时间。

（3）很难证明它的正确性。

贪心算法的正确性很难证明的其中一个原因是这类算法有很多是不正确的，这意味着在有些输入的情况下这类算法无法产生符合预期的输出。如果我们只能记住贪心算法的一个特点，那就是它了。

警告

大多数贪心算法并不总是正确的。

我们很难接受自己所设计的巧妙贪心算法并不总是正确的。我们在内心深处坚信，自己所设计的自然贪心算法总能够正确地解决问题。但事与愿违，这种想法并没有事实根据。[②]

说清楚这个事情之后我就问心无愧了，下面我们就观察一些可以通过设计严谨的贪心算法正确解决问题的精选例子。

---

① 熟读本系列图书卷 1 的读者应该知道这 3 个特性与分治算法范例正好形成鲜明的对照。为一个问题设计出一种良好的分治算法常常是比较困难的。但是一旦想到，就会产生很明确的感觉“就是它了！”，因为我们知道解决问题已经不在话下。由于不断增加的子问题数量和每个子问题不断缩减的工作量之间的拉锯战，因此分治算法的运行时间分析也是非常困难的（卷 1 的第 4 章也讨论过这个话题）。分治算法的正确性证明是非常简单明了的。

② 并不总是正确的贪心算法仍然可以启发我们快速找到问题的解决方案，这是我们在卷 4 将要讨论的观点。

1.2 一个调度问题

我们的第1个案例与调度有关，它的目标是对一个或多个共享资源的任务进行调度，实现一些目标的优化。例如，共享资源可能是计算机处理器（其任务对应于操作系统中的作业）、教室（其任务对应于授课）或日历（其任务对应于会议）。

1.2.1 问题的设定

在调度中，需要完成的任务通常被称为作业，作业可能具有不同的特性。假设每个作业j具有已知的长度ℓ_j，表示处理这个作业所需要的时间（例如，一节课或一个会议的时长）。另外，每个作业具有权重w_j，权重越高，作业的优先级也就越高。

1.2.2 竞争时间

调度指定作业的处理顺序。在一个由n个作业所组成的问题中，共有$n! = n\times(n-1)\times(n-2)\cdots 2\times 1$种不同的调度方式。这个数量是极为惊人的，我们应该选择哪一种调度方式呢？

我们需要定义一个目标函数，为每种调度方式评分，并对我们的需求进行量化。首先，我们来看一个初步的定义——完成时间。

在一次调度σ中，作业j的完成时间$C_j(\sigma)$是σ中j之前的作业长度之和加上j本身的长度。

换句话说，在一次调度中，一个作业的完成时间就是这个作业处理完成时总共所经过的时间。

小测验 1.1

考虑一个问题，有3个作业，它们的长度分别是$\ell_1=1$、$\ell_2=2$、$\ell_3=3$并假设它们按照这个顺序进行调度（作业1首先执行）。在这次调度中，3个作业的完成时间分别是什么（这个问题与作业的权重无关，因此我们并没有指定权重）？

(a) 1、2和3

(b) 3、5和6

(c) 1、3和6

(d) 1、4和6

(关于正确答案和详细解释，参见第1.2.4节。)

1.2.3 目标函数

什么才是良好的调度呢？我们希望作业的完成时间尽可能短，但作业之间的权衡是不可避免的。在任何调度中，较早被调度的作业具有较短的完成时间，而较晚被调度的作业具有较长的完成时间。

在作业之间进行权衡的一种方式是尽量减少加权完成时间之和。在数学中，这个目标函数可以定义为：

$$\min_{\sigma}\sum_{j=1}^{n} w_j C_j(\sigma) \tag{1.1}$$

其中最小化是针对所有$n!$种可能出现的调度σ，$C_j(\sigma)$表示作业j在调度σ中的完成时间。它的目标是尽可能地减少作业的加权平均完成时间，而平均权重与w_j成正比。

例如，考虑小测验1.1中的3个作业，并假设它们的权重$w_1 = 3$、$w_2 = 2$、$w_3 = 1$。如果我们把第1个作业放在最前，第2个作业放在其次，第3个作业放在最后，那么加权完成时间之和是

$$\underbrace{3\times 1}_{\text{作业1}}+\underbrace{2\times 3}_{\text{作业2}}+\underbrace{1\times 6}_{\text{作业3}}=15$$

通过检查$3! = 6$种可能的调度，我们可以证实这种调度方式确实最大限度地减少了加权完成时间之和。那么，假设输入是一组任意长度和权重的作业，我们怎样才能得到这个问题的通用解决方案呢？

问题：最大限度地减少加权完成时间之和

输入： 一组 n 个作业，它们具有正的长度 $\ell_1, \ell_2, \cdots, \ell_n$ 和正的权重 $w_1, w_2, \cdots, w_n$。

输出： 一个作业序列，它具有最小的加权完成时间之和即式（1.1）。

由于总共有 $n!$ 种不同的调度方式，因此对于作业数量较多的问题采用穷举法计算最佳调度方式是完全不实用的。我们需要一种更为智能的算法。[①]

1.2.4 小测验 1.1 的答案

正确答案：（c）。我们可以通过把作业上下堆放在一起形象地表示调度，时间是从下向上增长的（见图 1.1）。作业的完成时间就是它的顶边对应的时间。对于第 1 个作业，它的完成时间就是它的长度，也就是 1。第 2 个作业必须等待第 1 个作业完成，因此它的完成时间就是前两个作业的长度之和，也就是 3。第 3 个作业在时间 3 之前不会启动，因此它需要额外的 3 个时间单位才能完成，它的完成时间是 6。

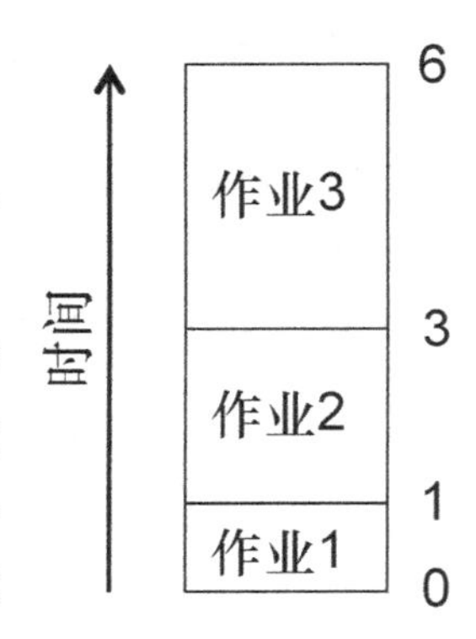

图 1.1　3 个作业的完成时间分别是 1、3 和 6

1.3 开发一种贪心算法

贪心算法看上去适用于寻找具有最小加权完成时间之和的作业调度问题。它的输出具有一种迭代式的结构，作业是一个接一个地进行处理的。为什么不使用一种贪心算法以迭代的方式决定下一个作业应该是谁呢？

在我们的计划中，首先是解决基本问题的两种特殊情况。这两种特殊情况的解决方案提示基本情况下贪心算法会是什么样子的。然后，我们把范围缩小到一种

① 例如，当 $n = 10$ 时，$n! > 3.6\times10^7$。当 $n = 20$ 时，$n! > 2.4\times10^{18}$。当 $n\geqslant60$ 时，$n!$ 甚至大于宇宙中的原子估计数量。因此，计算机技术是没有办法把这种穷举法作为一种实用算法的。

候选算法，并证明这种候选算法能够正确地解决问题。知道这种算法生成的过程要比记住算法本身更为重要。它是我们在自己的应用程序中可以使用的可重复过程。

1.3.1 两种特殊情况

我们首先积极地假设实际已经存在一种正确的贪心算法，它可以解决寻找最小加权完成时间之和的问题。这种算法会是什么样的呢？作为初始情况，如果所有的作业都具有相同的长度（但可能具有不同的权重）应该怎么调度呢？如果它们具有相同的权重（但可能具有不同的长度）又该怎么调度呢？

小测验 1.2

（1）如果所有作业的长度都是相同的，我们应该把权重较小的作业还是权重较大的作业放在前面？

（2）如果所有作业的权重都是相同的，我们应该把长度较长的作业还是长度较短的作业放在前面？

（a）较大/较短

（b）较小/较短

（c）较大/较长

（d）较小/较长

（关于正确答案和详细解释，参见第 1.3.3 节。）

1.3.2 贪心算法之间的竞争

通常情况下，不同的作业可能具有不同的权重和长度。如果我们的两个规则（优先选择更短的作业和优先选择权重更大的作业）正好都适用于一对作业，我们立即就能知道应该把哪个作业调度在前面（长度更短或权重更大的那个作业）。但是，如果这两个规则出现了冲突又该怎么办呢？如果其中一个作业的长度更短而另一个作业的权重更大，我们又该怎么选择呢？

最简单的贪心算法的工作方式是怎么样的？每个作业具有 2 个参数，这种算法必须综合考虑这两个参数。最佳场景是设计出一个公式，综合每个作业的长度和权重评定一个分值，这样按照从高到低的分值顺序对作业进行调度以保证能够产生最小的加权完成时间之和。如果存在这样的公式，那么前面的两种特殊情况提示必定具有 2 个属性：如果长度固定不变，则权重越大分值越高；如果权重固定不变，则长度越长分值越低（记住，分值越高越好）。开展一会儿头脑风暴，想出一些同时满足这两个属性的公式。

也许最为简单的随权重增大而增大并随长度增加而减小的公式是取两者之差。

作业 j 的分值的第 1 个提议：$w_j - \ell_j$。

这个公式所产生的分值可能是负的，但并不会妨碍作业的分值从高到低排列。

其他可供选择的方案还有很多。例如，这两个参数之比也是一种候选方案。

作业 j 的分值的第 2 个提议：$\frac{w_j}{\ell_j}$。

这两个不同的公式产生了两种不同的贪心算法。

（1）GreedyDiff。按照 $w_j - \ell_j$ 分值的降序对作业进行调度（若两个作业分值相等，则任意调度）。

（2）GreedyRatio。按照 $\frac{w_j}{\ell_j}$ 分值的降序对作业进行调度（若两个作业分值相等，则任意调度）。

因此，我们的第 1 个案例已经形象地描述了贪心算法设计范例的第 1 个特性（第 1.1.2 节）：为一个问题提出多种具有竞争力的贪心算法常常是非常容易的。

那么，如果存在两种算法，哪个才是正确的呢？排除其中一种算法的一种简单方法是找出一个这两种算法输出不同调度方案的例子，使它们具有不同的目标函数值。不管哪种算法在这个例子中的表现较差，我们都可以认为它并不总是最优的。

这两种算法在两种特殊情况（具有相同权重或相同长度的作业）下都能正确地工作，排除其中一种算法的一种简单方法是通过一个具有两个作业的问题实例，这两个作业具有不同的权重和长度，使这两种算法正好按照相反的顺序进行调度。也就是说，我们寻找一个例子，按分值之差进行调度和按分值之比进行调度的顺序正好相反。一个简单的例子如下。

	作业 1	作业 2
长度	$\ell_1=5$	$\ell_2=2$
权重	$w_1=3$	$w_2=1$

第 1 个作业具有较大的分值比（$\frac{3}{5}:\frac{1}{2}$），但它的分值差较小（$-2:-1$）。因此，GreedyDiff 算法把第 2 个作业调度在前面，而 GreedyRatio 则与之相反。

小测验 1.3

GreedyDiff 和 GreedyRatio 算法所输出的加权完成时间之和分别是什么？

（a）22 和 23

（b）23 和 22

（c）17 和 17

（d）17 和 11

（关于正确答案和详细解释，参见第 1.3.3 节。）

通过排除 GreedyDiff 算法，我们已经取得一些进展。但是，小测验 1.3 的结果并没有证明 GreedyRatio 算法总是最优的。我们只知道，GreedyDiff 算法在某种情况下所输出的是一种次优的调度。对于不存在正确性证明的算法，我们应该总是对它保持怀疑，即使它在某些简单的例子中能够正确地完成任务。对于贪心算法，我们要保持加倍的警惕。

在这个例子中，GreedyRatio 算法事实上能够保证产生最小的加权完成时间之和。

定理 1.1（GreedyRatio 的正确性） 对于每组拥有正的权重 $w_1,w_2,\cdots,w_n$ 和正的长度 $\ell_1,\ell_2,\cdots,\ell_n$ 的作业，GreedyRatio 算法所实现的调度方式能够产生最小的加权时间之和。

这个定理并非显而易见，如果我不提供证明，可能无法让读者信服。这正好与贪心算法设计范例的第 3 个特性（第 1.1.2 节）保持一致，这个定理的证明将作为整个第 1.4 节的内容。

关于辅助结论、定理等术语

在数学著作中，重要的技术性陈述被称为定理。辅助结论是一种帮助证明定理的技术性陈述（就像一个子程序帮助实现一个更大的程序一样）。推论是一种从已经被证明的结果中引导产生的陈述，例如一个定理的一种特殊情况。对于那些本身并不是特别重要的独立的技术性陈述，我们将使用命题这个术语。

贪心算法范例的第 2 个特性就是容易进行运行时间分析（第 1.1.2 节），显然也符合当前这个例子。GreedyRatio 算法所做的工作就是根据比例对作业进行排序，它需要 $O(n \log n)$的时间复杂度，其中 n 是输入中作业的数量（参见脚注 3）。

1.3.3 小测验 1.2～1.3 的答案

1. 小测验 1.2 的答案

正确答案：(a)。首先假设所有 n 个作业都具有相同的长度，例如 1。这样，每个调度都有一组完全相同的完成时间：$\{1, 2, 3, \cdots, n\}$。唯一的问题是哪个作业对应于哪个完成时间。作业权重的含义提示具有更大权重的作业应该具有更少的完成时间，事实上也确实如此。例如，我们不希望把权重为 10 的作业调度在第 3 个位置（完成时间为 3），把权重为 20 的作业调度在第 5 个位置（完成时间为 5）。我们更想交换这两个作业的位置，这样就可以把加权完成时间之和减少 20（读者可以验证）。

在第 2 种情况下，所有的作业具有相同的权重，此时有点微妙。此时，我们优先调度长度较短的作业。例如，考虑两个长度分别为 1 和 2 的单位权重的作业。如果我们首先调度长度更短的那个作业，那么完成时间分别为 1 和 3，总共为 4。如果按照相反的顺序进行调度，完成时间分别是 2 和 3，总共是较差的 5。一般而言，首先调度的作业的完成时间会加到所有作业的完成时间中，因为所有作业都必须等待第 1 个作业的完成。在其他条件都相同的情况下，优先调度长度最短的作业可以最大限度地减少负面影响。第 2 个执行的作业的完成时间会加到除第 1 个作业之外的所有作业的完成时间中，因此具有次短长度的作业应该被调度为第 2 个执行，接下来以此类推。

2. 小测验 1.3 的答案

正确答案：（b）。GreedyDiff 算法把第 2 个作业调度为率先执行。这个作业的完成时间是 $C_2 = \ell_2 = 2$，而另一个作业的完成时间是 $C_1 = \ell_2 + \ell_1 = 7$。因此，这两个作业的加权完成时间之和是

$$w_1 \cdot C_1 + w_2 \cdot C_2 = 3 \times 7 + 1 \times 2 = 23$$

GreedyRatio 算法把第 1 个作业调度为率先执行，使这两个作业的完成时间分别是 $C_1 = \ell_1 = 5$ 和 $C_2 = \ell_1 + \ell_2 = 7$，从而加权完成时间之和是

$$3 \times 5 + 1 \times 7 = 22$$

我们可以得出结论，在这个例子中，GreedyDiff 算法无法给出最优的调度方案，因此它并不总是正确的。

1.4 正确性证明

分治算法通常具有更加形式化的正确性证明，由简单明了的归纳步骤组成。贪心算法则不同，它的正确性证明更像是艺术而不是科学。在某种程度上，我们可以在贪心算法的证明中反复看到它的几个特性，我们将在证明过程中对它们进行强调。

定理 1.1 的证明包含了其中一个特性的一个生动例子：交换参数法。它的关键思路是每种可行的解决方案都可以通过修改使之更接近贪心算法的输出来得到改进。我们在本节中将看到两个变型。在第 1 个变型中，我们将采用反证法，并使用一种交换参数法展示一个“太过美好难以成真”的解决方案。在第 2 个变型中，我们将使用一种交换参数法来说明每种可行的解决方案都可以迭代地

“挤压”到贪心算法的输出中，在此过程中会一直对解决方案进行改进。[①]

1.4.1 没有平局时的情况：高层计划

我们继续证明定理 1.1。对于一组固定的作业，其权重分别是正的 $w_1,w_2,\cdots,w_n$，其长度分别是正的 $\ell_1,\ell_2,\cdots,\ell_n$。我们必须证明 GreedyRatio 算法所产生的调度方案具有最小的加权完成时间之和。我们首先从两个前提条件开始。

（1）作业的索引顺序是按照权重长度比率的非升序排列的，即

$$\frac{w_1}{\ell_1} \geqslant \frac{w_2}{\ell_2} \geqslant \cdots \geqslant \frac{w_n}{\ell_n} \tag{1.2}$$

（2）不存在相同的比率：当 $i \neq j$ 时，$\frac{w_i}{\ell_i} \neq \frac{w_j}{\ell_j}$。

第 1 个前提条件是为了不失去普遍性，它仅仅是一个“君子协定”，用于最大限度地减少记法上的负担。在输入中对作业进行重新排序对需要解决的问题并没有什么影响。因此，我们总是可以对作业进行重新排序和重新索引，使式（1.2）得以成立。第 2 个前提条件对输入施加了一个重要的限制，我们将在第 1.4.4 节通过一些额外的工作消除这个前提条件。总之，这两个前提条件提示作业将按权重长度比率的大小严格降序排列。

我们的高层计划采用反证法。记住，在这种类型的证明中，我们先提出与需要证明的命题相反的假设，然后在这个假设的基础上展开一系列逻辑正确的步骤并最终得出一个明显错误的结论。这就说明之前的那个假设是错误的，从而证明了我们原先需要证明的命题。

首先，我们假设 GreedyRatio 算法为一组特定的作业所产生的调度方案 σ 并不是最优的。这样一来，这些作业就存在一种最优的调度方案 σ^*，它具有严格最小的加权完成时间之和。我们的灵感就是使用 σ 和 σ^*之间的差明确地创建一种

---

① 交换参数法仅仅是证明贪心算法正确性的诸多方法中的一种。例如，在本系列图书卷 2 的第 3 章，Dijkstra 算法的正确性证明使用了数学归纳法而不是交换参数法。数学归纳法和交换参数法在哈夫曼的贪婪编码算法（第 2 章）以及 Prim 和 Kruskal 的最小生成树（Minimum Spanning Tree，MST）算法（第 3 章）的正确性证明中都扮演了重要的角色。

比 σ^*更好的调度方案，而这恰好与 σ^*是最优调度方案的假设相悖。

1.4.2 在相邻逆序对中交换作业

为了完成这个反证法，我们假设 GreedyRatio 算法产生的调度方案是 σ，并且还存在一个更优的调度方案 σ^*，后者具有严格更小的加权完成时间之和。根据第 1 个前提条件，贪婪调度方案 σ 按照索引顺序对作业进行调度（首先是作业 1，其次是作业 2，一直到作业 n），如图 1.2 所示。

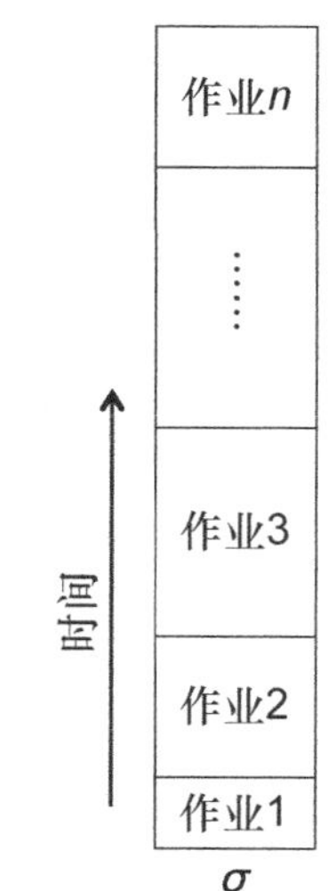

图 1.2 在贪婪调度方案 σ 中，作业是按照非升序的权重长度比率调度的

在贪婪调度方案中，作业的索引是从下到上不断增大的。在其他任何调度方式中，情况均非如此。

精确起见，我们把调度方案中的相邻逆序对（consecutive inversion）定义为一对作业 i 和 j，满足 $i>j$ 并且作业 i 恰好是在作业 j 之前处理的。例如，在图 1.2 中，如果作业 2 和作业 3 是按照相反的顺序处理的，它们就构成一个相邻逆序对（$i=3$ 且 $j=2$）。

辅助结论 1.1（非贪婪的调度中存在逆序对） 与贪婪调度方案 σ 不同的每种调度方案 $\hat{\sigma}$ 至少存在一个相邻逆序对。

证明：我们采用反证法。[①]如果 $\hat{\sigma}$ 不存在相邻逆序对，则每个作业的索引至少比它前面的那个作业大 1。由于一共存在 n 个作业，并且最大可能出现的索引是 n，因此两个连续的作业之间索引的差值不可能达到 2 或更大。这意味着 $\hat{\sigma}$ 与贪心算法所计算的调度方案相同。**证毕**。

回到定理 1.1 的证明，我们假设一组特定的作业存在最优的调度方案 σ^*，它相比贪心算法所产生的调度方案 σ 具有严格更小的加权完成时间之和。由于 $\sigma^*\neq\sigma$，把辅助结论 1.1 应用于 σ^*，因此 σ^*存在相邻的作业 i、j 满足 $i>j$（见

① “如果 A 为真，则 B 为真”这个命题在逻辑上相等的逆反命题是“如果 B 不为真，则 A 不为真”。例如，辅助结论 1.1 的逆反命题是：如果 $\hat{\sigma}$ 不存在相邻逆序对，则 $\hat{\sigma}$ 就与贪婪调度方案 σ 相同。

图 1.3（a））。我们应该如何使用这个事实来说明存在另一个比 σ^* 更优秀的调度方案 σ'，从而完成这个反证法呢？

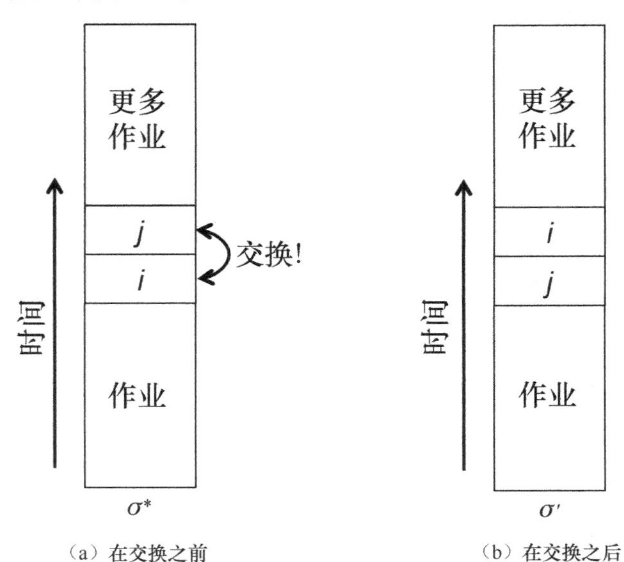

（a）在交换之前　　（b）在交换之后

图 1.3　通过交换一对相邻逆序的作业（$i>j$），根据假设的最优调度 σ^* 获得新的调度 σ'

关键的思路就是执行交换。我们定义一个新的调度方案 σ'，它与 σ^* 基本相同，唯一的区别是作业 i 和 j 按照相反的顺序处理，作业 j 现在正好在 i 之前被处理。i 和 j 之前的作业（图 1.3 中的“作业”）在 σ^* 和 σ' 中是相同的。类似地，在 i 和 j 之后的作业（图 1.3 中的“更多作业”）在 σ^* 和 σ' 中也是相同的。

1.4.3　成本收益分析

图 1.3 所描述的交换会产生什么影响呢？

小测验 1.4

图 1.3 的交换对下列作业的完成时间的影响：①除 i 和 j 之外的其他作业；②作业 i；③作业 j。

（a）①信息不足无法回答；②增加；③减少

（b）①信息不足无法回答；②减少；③增加

（c）①没有影响；②增加；③减少

（d）①没有影响；②减少；③增加

（关于正确答案和详细解释，参见第 1.4.5 节。）

正确地解答小测验 1.4 之后，我们就处于完成证明的极佳位置。交换一对相邻逆序的作业的成本是作业 i 的完成时间 C_i 增加了作业 j 的长度 ℓ_j，目标函数（1.1）的增量是 $w_i\ell_j$。交换所得到的收益是作业 j 的完成时间 C_j 减少了作业 i 的长度 ℓ_i，目标函数（1.1）的减量是 $w_j\ell_i$。

综合成本和收益，其结果是

$$\underbrace{\sum_{k=1}^{n} w_k C_k(\sigma')}_{\sigma'\text{的目标值}} = \underbrace{\sum_{k=1}^{n} w_k C_k(\sigma^*)}_{\sigma^*\text{的目标值}} + \underbrace{w_i\ell_j - w_j\ell_i}_{\text{交换的效果}} \tag{1.3}$$

现在我们可以得出结论，σ^*在 $i>j$ 的情况下是按照“错误的顺序”对 i 和 j 进行调度的。前文的两个前提条件提示作业是按照权重长度比率的严格降序进行索引的，因此

$$\frac{w_i}{\ell_i} < \frac{w_j}{\ell_j}$$

消除分母之后，这个公式可以转换为

$$\underbrace{w_i\ell_j}_{\text{交换的成本}} < \underbrace{w_j\ell_i}_{\text{交换的收益}}$$

由于执行交换的收益超过了成本，因此式（1.3）告诉我们：σ'的目标函数值小于 σ^*的目标函数值。

但这显然是“胡说八道”，因为 σ^*已经被假设为最优的调度方案，其具有最小的加权完成时间之和！这样，我们就看到了悖论的出现，从而完成定理 1.1 在所有的作业都具有不同的权重长度比率的情况下的证明。

1.4.4 处理平局的情况

再努力一些，我们就可以证明 GreedyRation 算法（定理 1.1）的正确性了，

即使不同作业的权重长度比率存在平局（我们仍将保留第1个前提条件，即作业按照权重长度比率的非升序索引，因为它不会影响这个定理的普遍性）。完成这个更具普遍性的正确性证明的要点就是对前文的交换参数法进行一些修改，采用直接处理而不是采用反证法。

我们将重复利用前文的大量工作，但采用的高层计划有所变化。和前文一样，假设 $\sigma = 1,2,\cdots,n$ 表示 GreedyRation 算法所计算的调度方案。考虑任意一种有竞争力的调度方案 σ^*，它可能是最优的也可能不是。我们将通过一系列的作业交换直接说明这一点，也就是是 σ 的加权完成时间之和不大于 σ^* 的加权完成时间之和。如果对于每个 σ^* 都能证明这一点，我们就能推断出 σ 事实上是最优的调度方案。

更详细地说，假设 $\sigma^* \neq \sigma$（如果 $\sigma^* = \sigma$ 就不需要做什么了）。根据辅助结论1.1，σ^* 中存在相邻逆序对，也就是存在两个作业 i 和 j，且 $i > j$ 但 j 是紧随 i 之后被调度的。通过在调度方案 σ^* 中交换 i 和 j 的位置，就可以得到调度方案 σ'。在式（1.3）的一种变型中，这次交换的成本和收益分别是 $w_i\ell_j$ 和 $w_j\ell_i$。由于 $i > j$ 并且所有的作业是根据权重长度比率的非升序索引的，因此

$$\frac{w_i}{\ell_i} \leqslant \frac{w_j}{\ell_j}$$

从而可以证明

$$\underbrace{w_i\ell_j}_{\text{交换的成本}} \leqslant \underbrace{w_j\ell_i}_{\text{交换的收益}} \tag{1.4}$$

换句话说，这样的交换并不会增大加权完成时间之和，时间之和可能会减小，也可能保持不变。[①]

我们是不是已经取得一些进展？

小测验 1.5

调度方案中的逆序对是指一对作业 k 和 m，其中 $k < m$ 并且 m 是在 k 之前处理的（作业 k 和 m 并不一定是相邻的，在 m 之后和 k 之前可能还有一些其他作

① 在这种情况下我们并不能直接通过反证法来证明，当 σ^* 是一种最优的调度方案时，σ' 也可能是另一种具有相同效果的不同最优调度方案。

业）。假设 σ_1 这个调度方案具有一个相邻逆序对 i,j（$i>j$），通过反转 i 和 j 的顺序可以得到 σ_2 这个调度方案。σ_2 中的相邻逆序对数量与 σ_1 相比是怎么样的呢？

（a）σ_2 中的相邻逆序对要比 σ_1 少 1 个

（b）σ_2 具有与 σ_1 相同的相邻逆序对

（c）σ_2 中的相邻逆序对要比 σ_1 多 1 个

（d）以上答案均不正确

（关于正确答案和详细解释，参见第 1.4.5 节。）

为了完成证明，取任意一种有竞争力的调度方案 σ^*，并反复交换作业以消除相邻逆序对。[①]由于在每次交换之后相邻逆序对的数量会减少（小测验 1.5），因此这个过程最终会结束。根据辅助结论 1.1，它结束时的状态就是贪婪调度方案 σ。在整个过程中，目标函数的值只会减小（根据式（1.4）），因此 σ 至少与 σ^* 同样优秀。对于 σ^* 的每种选择，这个结论都是成立的，因此 σ 确实是最优调度方案。**证毕**。

1.4.5 小测验 1.4～1.5 的答案

1. 小测验 1.4 的答案

正确答案：（c）。首先，除 i 和 j 之外的其他作业 k 不会因为 i 和 j 的交换而受到影响。对于 σ^* 中在 i 和 j 之前被处理的作业 k，情况尤其明显（图 1.3 中的“作业”）。由于交换发生在 k 完成之后，因此它对 k 的完成时间（在 k 完成时所经历的总时间）并没有影响。对于 σ^* 中在 i 和 j 之后被处理的作业 k（图 1.3 中的“更多作业”），在 k 之前所完成的作业集合在 σ^* 和 σ' 中是相同的。一个作业的完成时间只取决于在它之前的这组作业（与它们的顺序无关），因此作业 k 在这两种调度方案中的完成时间是相同的。

至于作业 i，它的完成时间在 σ' 中增加了。它除了必须等待与此前相同的作

① 熟悉冒泡排序（BubbleSort）算法的读者可能会在这里意识到它的存在，尽管只是在分析中而不是在算法中！

业之外还必须等待作业 j 完成，因此它的完成时间增加了 ℓ_j。类似地，作业 j 除了等待与以前相同的作业集合之外，它在 σ' 中不再等待作业 i 的完成。因此，j 的完成时间减少了 ℓ_i。

2. 小测验 1.5 的答案

正确答案：（a）。如果 $\{k,m\} = \{i,j\}$，则 k 和 m 在 σ_1 中形成一个逆序对但在 σ_2 中并没有（因为执行交换之后消除了逆序）。如果 k 或 m 至少有一个与 i 和 j 都不同，那么它们在这两个调度方案中要么都出现在 i 和 j 之前，要么都出现在 i 和 j 之后，i 和 j 的交换不会对 k 和 m 的相对顺序产生影响（见图 1.4）。我们可以得出结论，除了 i 和 j 这个逆序对之外，σ_2 和 σ_1 中的其他逆序情况完全相同。

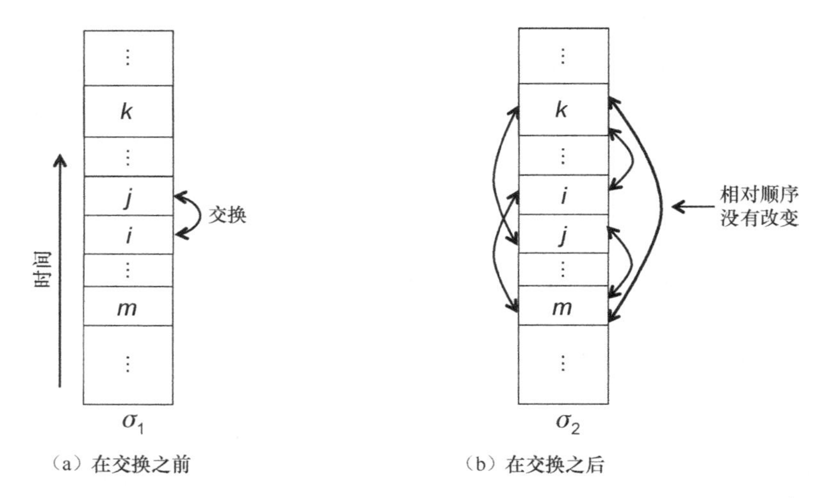

图 1.4　交换一个相邻逆序对的作业把逆序对的数量减少了 1。（b）中的 5 对作业在两种调度方案中具有相同的相对顺序

1.5　本章要点

- 贪心算法通过迭代的方式构建解决方案。在这个过程中，它本着“船到桥头自然直”的态度，采取了一系列只顾眼前的短视决策。
- 为一个问题提出一种或多种贪心算法并分析它们的运行时间常常是比较

容易的。

- 大多数贪心算法并不总是正确的。
- 即使一种贪心算法总是正确的，要想证明这一点也是非常困难的。
- 对于具有给定长度和权重的作业，采取贪婪的方式根据权重长度比率从高到低对它们进行排列能够最大限度地减小加权完成时间之和。
- 在贪心算法的正确性证明中，交换参数法是常用的技巧之一。它的思路是证明每种可行的解决方案都可以通过使之更靠近贪心算法来得到改进。

1.6 章末习题

问题 1.1 假设有 n 个输入作业，每个作业具有长度 ℓ_j 和最后期限 d_j。在调度方案 σ 中把作业 j 的延迟 $\lambda_j(\sigma)$定义为作业的完成时间和最后期限之差，即 $C_j(\sigma) - d_j$。如果 $C_j(\sigma) \leqslant d_j$ 则定义为 0（参见前文对作业的完成时间的定义）。这个问题的目标是最大限度地减少最大延迟 $\max_{j=1}^{n} \lambda_j(\sigma)$。

下面哪种贪心算法所产生的调度方案能够最大限度地减少最大延迟？可以假设作业之间不存在平局的情况。

（a）按照最后期限 d_j 的升序对作业进行调度

（b）按照处理时间 p_j 的升序对作业进行调度

（c）按照 $d_j p_j$ 的升序对作业进行调度

（d）上述答案均不正确

问题 1.2（H） 继续问题 1.1，考虑把目标换成最大限度地减少总延迟 $\sum_{j=1}^{n} \lambda_j(\sigma)$。

下面哪种贪心算法所产生的调度方案能够最大限度地减少总延迟？可以假设作业之间不存在平局的情况。

（a）按照最后期限 d_j 的升序对作业进行调度

（b）按照处理时间 p_j 的升序对作业进行调度

（c）按照 d_jp_j 的升序对作业进行调度

（d）上述答案均不正确

问题 1.3（H）　假设有 n 个输入作业，每个作业具有开始时间 s_j 和完成时间 t_j。如果两个作业在时间上出现了重叠（其中一个作业是在另一个作业的开始时间和完成时间之间开始的），它们就存在冲突。在本问题中，我们的目标是选择这些作业的一个最大无冲突子集（例如，假设 3 个作业的起止时间分别是[0, 3]、[2, 5]和[4, 7]，最优的解决方案就是第 1 个和第 3 个作业）。我们的计划是设计一种迭代式的贪心算法，在每次迭代时不可反悔地在目前为止的解决方案中添加一个新作业 j，并在以后的处理中不再考虑与 j 冲突的所有作业。

下面哪种贪心算法能够保证生成一种最优解决方案？可以假设各个作业之间不存在平局的情况。

（a）在每次迭代时，选择剩余作业中具有最早完成时间的

（b）在每次迭代时，选择剩余作业中具有最早开始时间的

（c）在每次迭代时，选择剩余作业中需要时间最少的（具有最小的 t_j-s_j 值）

（d）在每次迭代时，选择剩余作业中与其他作业冲突数量最少的

编程题

问题 1.4　用自己最喜欢的编程语言实现第 1.3 节的 GreedyDiff 和 GreedyRatio 算法，实现最小的加权完成时间之和。用这两个算法解决相同的问题。GreedyRatio 算法所产生的调度方案要比 GreedyDiff 算法所产生的调度方案优秀多少呢？（关于测试用例和挑战数据集，参见 algorithmsilluminated 网站。）

第 2 章 哈夫曼编码

人人都爱压缩。智能手机里能存储多少照片？它取决于我们在无损或几乎无损的前提下能够将文件压缩到什么程度。下载一个文件需要多长时间？显然，压缩的程度越高，下载的时间也就越短。哈夫曼编码（Huffman code）是一项广泛使用的无损压缩技术。例如，每次当我们导入或导出一个 MP3 音频文件时，计算机就会使用哈夫曼编码。在本章中，我们将学习哈夫曼编码的优越特性，并学习用于计算哈夫曼编码的具有“炫目”速度的贪心算法。

2.1 编码

2.1.1 固定长度的二进制编码

在讨论问题的定义或算法之前，我们首先介绍一些基本术语。希腊字母 Σ 表示一个有限的非空符号集合。例如，Σ 可以是一个包含 64 个符号的集合，表示所有 26 个字母（包括大写和小写）加上标点符号和一些特殊字符。字母表的二进制编码是一种把字母表中的每个符号写成各不相同的二进制字符串（由 0 和 1 所组成的位序列）的方法。例如，在包含 64 个符号的字母表中，一种很自然的编码方式就是把每个符号与 $2^6 = 64$ 个长度为 6 的二进制字符串的其中一个相关联，并且每个字符串只能与一个符号相关联。这是固定长度的二进制编码的一个例子，每个符号的编码位数是相同的。例如，ASCII 大致就是采取这个方案。

固定长度的二进制编码是一种很自然的解决方案，但我们不能满足于此。和往常一样，我们的责任就是激励自己：还能做得更好吗？

2.1.2 可变长度的编码

当字母表中有些符号的使用频率远比其他符号更高时，可变长度的编码要比固定长度的编码更有效率。但是，可变长度的编码更加复杂，我们将通过具体的例子进行说明。以一个由 4 个符号组成的字母表 $\Sigma = \{A, B, C, D\}$ 为例，这个字母表的一种非常自然的固定长度编码方案如图 2.1 所示。

假设我们想通过为有些符号采用仅 1 位的编码来实现更高的效率。例如，我们可以尝试图 2.2 所示的这种编码方案。

符号	编码
A	00
B	01
C	10
D	11

图 2.1 固定长度编码方案

符号	编码
A	0
B	01
C	10
D	1

图 2.2 新的编码方案

这种更短的编码方案只会更好，是不是这样呢？

小测验 2.1

在上面这种可变长度的编码方案中，字符串“001”对应于下面哪个编码？

（a）AB

（b）CD

（c）AAD

（d）信息不足，无法回答

（关于正确答案和详细解释，参见第 2.1.6 节。）

小测验 2.1 的重点在于，如果采用了可变长度的编码并且没有进一步的约束措施，不同符号之间的分界可能存在歧义。这个问题在固定长度的编码方案中并不存在。如果每个符号都采用 6 位的编码，第 2 个符号总是从第 7 位开始，第 3 个符号总是从第 13 位开始，接下来以此类推。在可变长度的编码中，我们必须施加某种约束来防止歧义。

2.1.3 非前缀编码

我们可以通过使编码方案满足非前缀性，从而避免所有的歧义。非前缀性是指对于每一对不同的符号 $a, b \in \Sigma$，a 的编码不是 b 的编码的前缀，反之亦然。每个固定长度的编码自动满足非前缀性。第 2.1.2 节的可变长度编码则非如此：A 的编码是 B 的前缀。类似地，D 的编码是 C 的前缀。

如果能够保证非前缀性，编码方案就不存在歧义，并能够以明确的方式进行解码。如果一个编码序列的前 5 位与符号 a 的编码匹配，则 a 肯定就是该编码序列的第 1 个符号。由于编码满足非前缀性，因此这 5 位不可能对应于其他任何符号的编码（不可能是其他任何符号的前缀）。如果接下来的 7 位与 b 的编码匹配，则 b 就是第 2 个编码符号，以此类推。

符号	编码
A	0
B	10
C	110
D	111

图 2.3 非前缀编码

图 2.3 所示为字母表 $\Sigma=\{A, B, C, D\}$ 的一个非前缀编码的例子，它也不是固定长度的编码。

由于“0”用于对 A 进行编码，因此其他 3 个符号的编码必须以“1”开始。由于 B 被编码为“10”，因此 C 和 D 的编码必须以“11”开始。

2.1.4 非前缀编码的优点

当不同符号的使用频率相差悬殊时，可变长度的编码效率可能高于固定长度的编码。例如，假设在我们的应用中这些符号的使用频率的统计数字如图 2.4 所示（这些数字可能来自以前的经验或来自对待编码文件的预处理）。

符号	使用频率
A	65%
B	25%
C	10%
D	5%

图 2.4 使用频率

我们可以把固定长度的编码和可变长度的非前缀编

码的性能进行比较，如图 2.5 所示。

符号	固定长度的编码	可变长度的非前缀编码
A	00	0
B	01	10
C	10	110
D	11	111

图 2.5 两种性能的比较

所谓“性能”，是指对一个符号进行编码所使用的平均位数，并且根据符号的使用频率进行加权。固定长度的编码总是使用 2 位，因此这也是它的每个符号的平均长度。可变长度的编码又是什么情况呢？我们可以期望它具有更好的性能，因为它有 60%的可能只使用 1 位，而使用 3 位的情况只占 15%。

小测验 2.2

在上面的可变长度的编码方案中，每个符号的平均长度是多少位？

（a）1.5

（b）1.55

（c）2

（d）2.5

（关于正确答案和详细解释，参见第 2.1.6 节。）

2.1.5 问题定义

上面这个例子说明最佳的二进制编码方案取决于符号的使用频率。这意味着我们现在所面临的就是一个超“酷”的算法问题，它也是本章剩余部分的主题。

问题：最优的非前缀编码方案

输入：一个长度为 $n \geqslant 2$ 的字母集合 Σ 中每个符号 a 的非负频率 p_a。

输出：具有最短平均编码长度的非前缀二进制编码方案：$\sum_{a \in \Sigma} p_a \cdot$ (对 a 进行编码所使用的位数)。

我们事先怎样才能知道不同符号的使用频率呢？在有些应用中，存在大量与此有关的数据或领域知识。

例如，遗传专家可以告诉我们每个核碱基（As、Cs、Gs 和 Ts）在人类 DNA 中的典型频率。对 MP3 文件进行编码时，编码器在准备文件的初始数字版本时可以明确地计算符号的频率（或许遵循一种与数字类似的转换），然后使用一种最优的非前缀编码方案对文件进行进一步的压缩。

对于初学者而言，计算最优的非前缀编码方案这个问题看上去有点“吓人”。随着 n 的增大，可能的编码方案数量呈指数级增长。因此即使 n 的值并不是很大，也不可能通过穷举搜索来完成这个任务。[①]令人吃惊的是，这个问题可以使用一种常见的贪心算法有效地得到解决。

2.1.6 小测验 2.1～2.2 的答案

1. 小测验 2.1 的答案

正确答案：(d)。这种可变长度的编码方案存在歧义，有多个符号序列可以出现“001”这个编码。一种可能性是 AB（分别编码为“0”和“01”），另一种可能性是 AAD（分别编码为“0”“0”“1”）。只给出编码字符串，无法知道它的真正含义。

2. 小测验 2.2 的答案

正确答案：(b)。展开加权平均值之后，我们可以得到下面的结果

$$\text{每个符号的平均位数}=\underbrace{1\times 0.6}_{A}+\underbrace{2\times 0.25}_{B}+\underbrace{3\times(0.1+0.05)}_{C\text{和}D}=1.55$$

对于这组符号频率，这种可变长度的编码方案所使用的长度（位）比固定长度的编码方案节省了 22.5%，这是非常明显的节省。

① 例如，使用 1 位（0）对第 1 个符号进行编码、使用 2 位（10）对第 2 个符号进行编码、使用 3 位（110）对第 3 个符号进行编码（以此类推），共有 $n!$ 种不同的非前缀编码方案。

2.2 编码和树

最优非前缀编码问题中的“非前缀”约束听上去有点“吓人”。创建一种编码方案时，我们怎么保证它满足非前缀性？对于这个问题，最关键的思路就是把编码方案与带标签的二叉树进行关联。[①]

2.2.1 3个例子

理解编码和树之间关系的简单方法是通过实例。图2.1所示的这种固定长度的编码可以用一棵包含4个叶节点的完全二叉树来表示，如图2.6所示。

节点与左子树相连的边的标签为“0”，与右子树相连的边的标签为“1”。这棵树的叶节点的标签就是这个字母表的4个符号。从根节点到一个叶节点的每条路径需要经过两条边。我们可以把这两条边的标签看成这个叶节点标签的编码。例如，由于从根节点到标签为B的节点的路径需要先后经过左子树边（0）和右子树边（1），因此这条路径可以解释为符号B的编码01，这正好与前文固定编码方案中B的编码相符。另外3个符号的情况也是如此，读者可以自行验证。

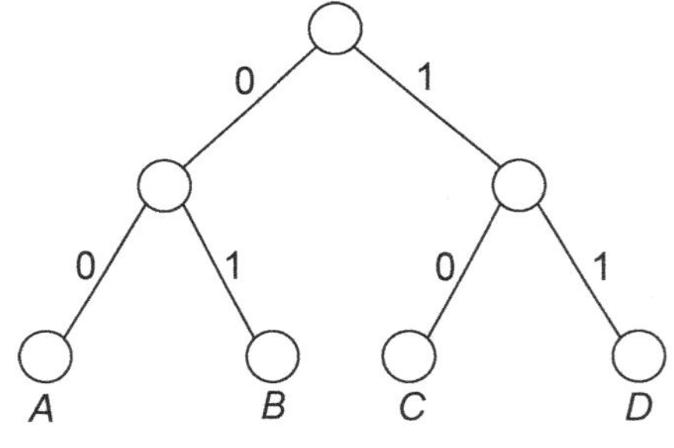

图2.6 完全二叉树

接着，考虑前文第一个（不满足非前缀性）可变长度的编码方案（见图2.2）。

这个编码方案可以用一棵不同的标签二叉树来解释，如图2.7所示。

同理，这4个带标签的节点就是字母表中的符号，其中两个是叶节点，另两个是它们的父节点。这棵树把每个符号的编码定义为从根节点到以该符号为标签

① 一棵二叉树的每个节点可以具有左子树、右子树或两者皆无。没有子树的节点称为叶节点。非叶节点又称中间节点。节点和边都可以带有标签。出于某些原因，计算机科学家倾向于把二叉树看成向下生长的，并据此来绘制二叉树。

的节点的路径。例如，从根节点到标签为 A 的节点只需要经过一条左子树的边，对应于编码“0”。这棵树所定义的编码与图 2.2 的编码相符，读者可以自行验证。

最后，我们考虑把前文那个非前缀可变长度编码方案（见图 2.3）用图 2.8 所示的这棵二叉树来表示。

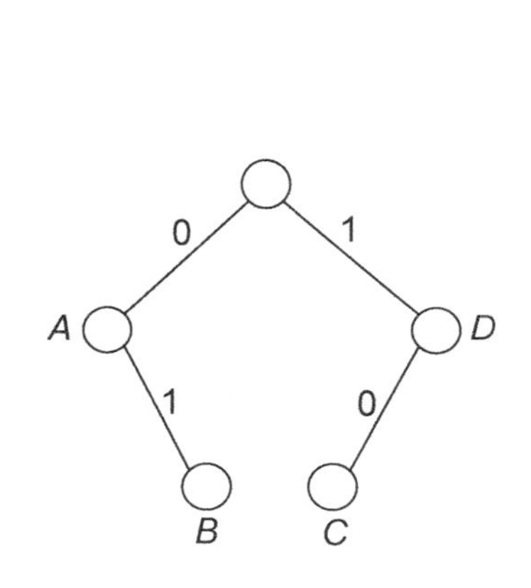

图 2.7　标签二叉树

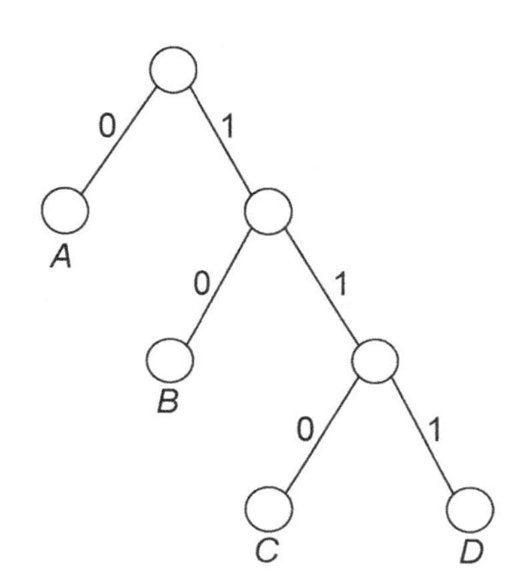

图 2.8　新的二叉树

一般来说，每种二进制编码方案都可以用一棵二叉树来表示，树中左子树和右子树的边分别具有“0”和“1”的标签，并且字母表中的每个符号正好与一个节点对应。[①]反过来说，每棵这样的树都可以定义一种二进制编码方案，从根节点到叶节点的路径中边的标签就提供了这个符号的编码。一条路径中边的数量等于对应符号的编码方案所使用的位数，因此我们就有下面这个命题。

命题 2.1（编码长度和树的深度）　对于每个二进制编码，符号 $a \in \Sigma$ 的编码长度（用位的数量表示）等于标签为 a 的节点在对应的树中的深度。

例如，在上面的非前缀编码方案中，第 1 层的叶节点对应于编码长度为 1 的符号（A），第 2 层的叶节点对应于编码长度为 2 的符号（B），第 3 层的叶节点对应于编码长度为 3 的符号（C 和 D）。

---

① 假设对一个符号进行编码所使用的最大位数是 ℓ。形成一棵深度为 ℓ 的完全二叉树，符号 a 的每个编码在树中定义了一条从根节点开始的路径，这条路径的最后一个节点应该是标签为 a 的那个节点。最后，反复修剪没有标签的节点，直到不再有剩余的无标签节点。

2.2.2 什么样的树表示非前缀编码

我们已经看到二叉树可以表示所有的二进制编码，不管它们是否满足非前缀性。当编码对应于一棵不满足非前缀性的树时，说明它已经走入了“死胡同”。

为此，我们可以观察前文的3个例子。第1棵树和第3棵树对应于两种非前缀编码，尽管它们看上去截然不同，却具有同一个属性：只有叶节点以字母符号为标签。反之，第2棵树中有两个非叶节点具有这样的标签。

一般而言，当且仅当标签为符号 a 的节点是标签为符号 b 的节点的祖先时，符号 a 的编码才是符号 b 的前缀编码。带标签的中间节点是它的子树中（带标签的）叶节点的祖先，从而违反了非前缀性约束。[①]反之，由于叶节点不可能是其他节点的祖先，因此仅有叶节点有标签的树所定义的编码就满足非前缀性。对一个位序列进行解码的方式非常直观：在树中从上到下进行遍历，当下一个输入位是0或1时分别向左转或向右转。到达一个叶节点时，它的标签就表示序列中的下一个符号，然后从树的根节点开始重新处理剩余的输入位。例如，在第3种编码中，对“010111”这个输入进行解码产生3次从根节点到叶节点的遍历，依次终止于 A、B 和 D（见图2.9）。

2.2.3 问题定义（精练版）

现在，我们用一种特别“精致”的形式重新陈述最优非前缀编码问题。Σ 树表示二叉树中带标签的叶节点与 Σ 中的符号一一对应。如前所示，字母表 Σ 的非前缀二进制编码就对应于 Σ 树。

对于一棵 Σ 树 T 与符号频率 $p=\{p_a\}$，$a\in\Sigma$，我们用 $L(T,p)$表示 T 中叶节点的平均深度，每个叶节点的加权贡献对应于它的标签的频率

$$L(T,p)=\sum_{a\in\Sigma}p_a\cdot(T\text{ 中标签为 }a\text{ 的叶节点的深度})\qquad(2.1)$$

命题2.1提示 $L(T,p)$正好是与 T 对应的编码方案的平均编码长度，而这正是我们想要最大限度减少的。因此，我们可以把最优非前缀编码问题精练为一个单

① 我们可以假设这棵树的每个叶节点都具有标签，因为删除无标签叶节点并不会影响这棵树所定义的编码。

纯与二叉树有关的问题，示例如图 2.9 所示。

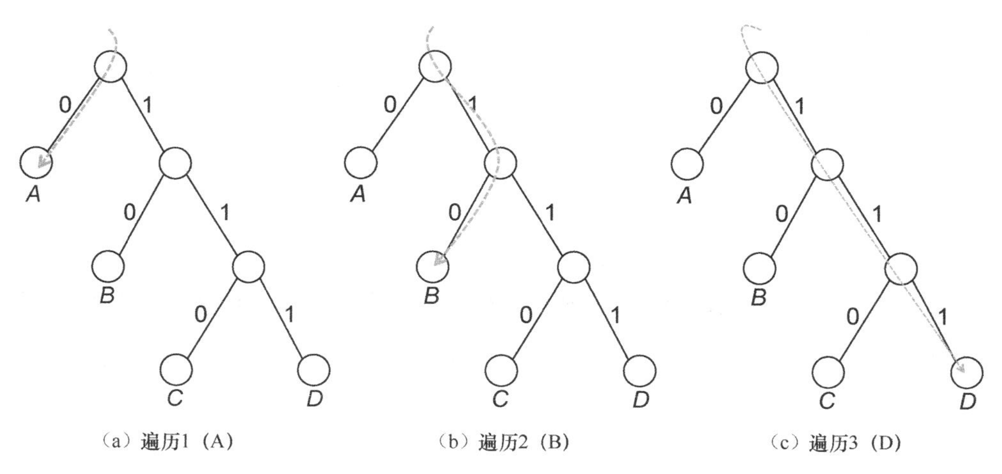

图 2.9 通过反复从根节点到叶节点的遍历把字符串“010111”解码为“ABD”

问题：最优的非前缀编码（精练版）

输入： 长度 $n \geqslant 2$ 的字母表 Σ 中每个符号 a 的非负频率 p_a。

输出： 一棵具有最小平均叶节点深度的 Σ 树。

2.3 哈夫曼的贪心算法

2.3.1 通过连续的归并创建树

哈夫曼算法的基本思路可以追溯到 1951 年使用一种自底向上的方法解决最优非前缀编码问题的时候。[①]“自底向上”意味着从第 n 个节点开始（其中 n 是字母表 Σ 中的符号数量），每个节点的标签是 Σ 中的一个不同符号，并通过连续的归并向上创建一棵树。例如，如果 $\Sigma = \{A, B, C, D\}$，那么我们首先从树的叶节点开始。

① 这个算法来自 David A.Huffman 的一篇课堂学期论文。很难相信，它竟然比 Huffman 的研究生导师 Robert M.Fano 以前所发明的（次优的）自上而下的分治算法更为优秀。

第 1 次归并可以发生在 C 和 D 这两个节点，具体方法是引入一个新的无标签中间节点，它的左右子树分别对应于 C 和 D，如图 2.10 所示。

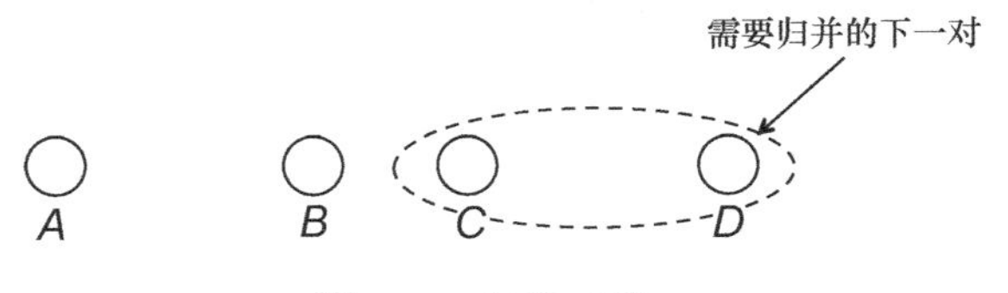

图 2.10 归并 C 和 D

第 2 次归并中，我们对 A 和 B 执行相同的操作，如图 2.11 所示，从而形成一棵以 A 和 B 这两个叶节点为兄弟节点的树。

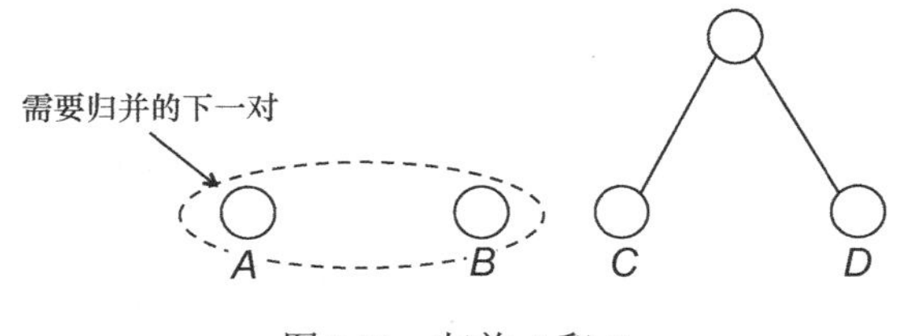

图 2.11 归并 A 和 B

这次归并的效果是形成了两棵树，C 和 D 这两个叶节点成为兄弟节点（具有同一个父节点），如图 2.12 所示。

此时，只剩下两个组需要归并。将它们归并就生成了一棵完整的二叉树，如图 2.13 所示。

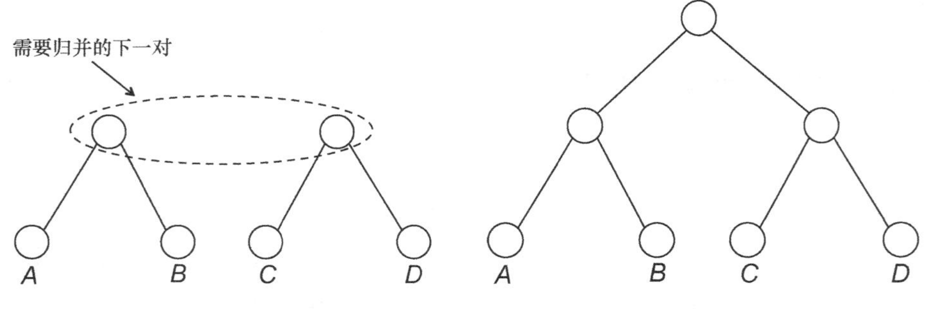

图 2.12 形成两棵树　　图 2.13 完整的二叉树

这棵二叉树与第 2.2.1 节表示固定长度编码的那棵树相同。

另外，在第 2 次归并中，我们可以把节点 B 与包含 C 和 D 的树进行归并，如图 2.14 所示。

最后一次归并所生成的二叉树（见图 2.15）与第 2.2.1 节表示可变长度的非前缀编码的那棵树相同。

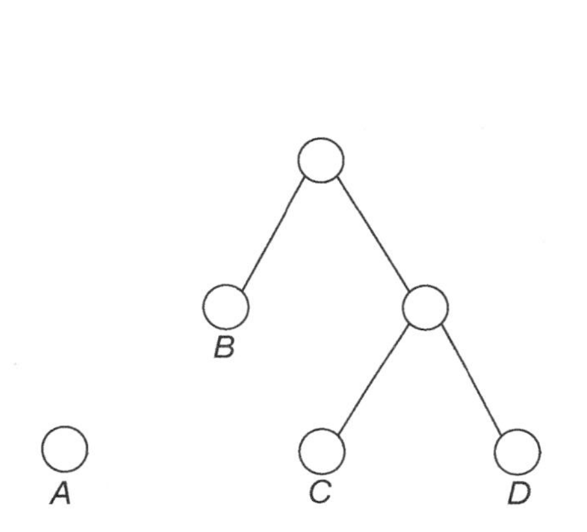

图 2.14 把节点 B 与包含 C 和 D 的树进行归并

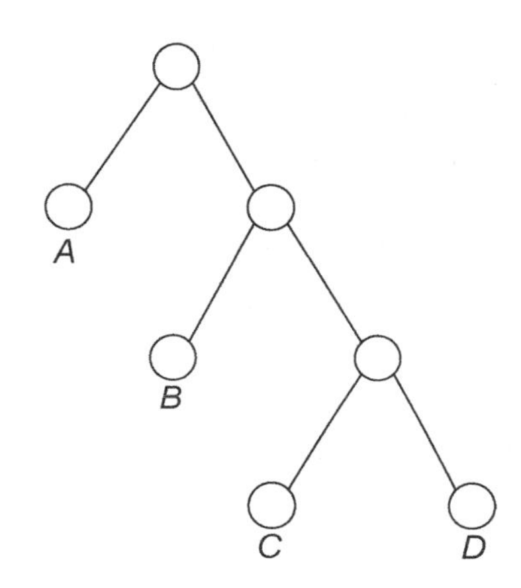

图 2.15 最后生成的二叉树

一般而言，哈夫曼的贪心算法维护了一个森林，也就是一棵或多棵二叉树的集合。这些树的叶节点与 Σ 中的符号存在一对一的对应关系。这个算法的每次迭代在当前的森林中选择两棵树并将它们归并，方法是把这两棵树的根节点作为一个新的无标签中间节点的左右子树。当森林中只剩下一棵树时，这个算法就宣告结束。

小测验 2.3

哈夫曼的贪心算法在结束之前会执行几次归并？（设 $n=|\Sigma|$ 表示符号的数量[①]）

（a）$n-1$

（b）n

（c）$\frac{(n+1)n}{2}$

（d）信息不足，无法回答

（关于正确答案和详细解释，参见第 2.3.7 节。）

① 对于一个有限的集合 S，$|S|$ 表示 S 中的元素数量。

2.3.2 哈夫曼的贪心准则

对于一组给定的符号频率集合$\{p_a\}, a\in\Sigma$，在每次迭代时应该归并哪两棵树呢？每次归并都会增加参与归并的两棵树的所有叶节点的深度，因此对应符号的编码长度也会增加。例如，在图2.14所示的归并中，C 和 D 这两个节点的深度从1增加到2，B 节点的深度从0增加到1。因此，每次归并都会增大我们想要尽可能最小化的目标函数值：叶节点的平均深度。哈夫曼的贪心算法的每次迭代都采取了短视的方式，也就是执行目标函数值的增量最小的那个归并。

哈夫曼的贪心准则

对树进行归并时使叶节点的平均深度尽可能最小。

一次归并对叶节点的平均深度的增量影响有多大？对于参与归并的每棵树中的每个符号 a 而言，对应叶节点的深度在归并之后增加1，因此它对求和公式（2.1）中对应项的增量是 p_a。因此，归并 T_1 和 T_2 这两棵树所导致的叶节点平均深度的增量是所有参与归并的符号的频率之和：

$$\sum_{a\in T_1} p_a + \sum_{a\in T_2} p_a \tag{2.2}$$

其中求和是对 T_1 或 T_2 中的对应叶节点的所有字母表符号分别进行的。哈夫曼的贪心准则决定了我们对二叉树进行归并时要使式（2.2）的和尽可能地小。

2.3.3 伪码

正如前文所说的那样，哈夫曼算法自底向上创建一棵 Σ 树，并在每次迭代时把对应符号频率之和最小的两棵树进行归并。

哈夫曼算法

输入：字母表 Σ 中的每个符号的非负频率 p_a。

输出：具有最小平均叶节点深度的 Σ 树，表示具有最短平均编码长度的非前缀二进制编码。

```
// 初始化
for 每个 a ∈Σ do
  Ta:= 包含一个节点的树，记为"a"
  P(Ta) := pa
F:={Ta}a∈Σ   //invariant:∀T∈F,P(T)=∑_{a∈T} pa
// 主循环
while F至少包含两棵树 do
  T1:=argmin_{T∈F} P(T)      // 最小频率之和
  T2:=argmin_{T∈F,T≠T1} P(T)   // 次小
  从 F 中删除 T1 和 T2
  // T1、T2 的根节点成为一个新的中间节点的左右子节点
  T3 := T1 和 T2 的归并
  P(T3) := P(T1) + P(T2) // 维护不变性
  把 T3 添加到 F
返回 F 中唯一的那棵树
```

关于伪码

本系列图书在解释算法时混合使用了高级伪码和日常语言（就像前文一样），并假设读者有能力把这种高级描述转换为自己所擅长的编程语言的工作代码。有些图书和网络上的一些资源使用某种特定的编程语言提供各种算法的具体实现。

强调用高级描述代替特定语言的实现的第一个优点是它的灵活性：我假设读者熟悉某种编程语言，但我并不关注具体是哪种。第二个优点是这种方法可以帮助我们在一个更深的概念层次上加深对算法的理解，而不被底层细节所干扰。经验丰富的程序员和计算机科学家一般是站在较高的层次上对算法进行思考和交流的。

但是，要对算法有深入的理解，最好能够亲自实现它们。我强烈建议读者只要有时间，就应该尽可能多地实现本书所描述的算法。（这也是学习一种新的编程语言的合适“借口”！）后续每章最后的编程题提供了这方面的指导意见。

2.3.4 例子

关于哈夫曼的贪心算法的具体例子，我们可以回到具有图 2.16 所示频率的 4 符号字母表。

一开始，哈夫曼算法创建一个包含 4 棵树 T_A、T_B、T_C 和 T_D 的森林 F，每棵树所包含的那个节点的标签是字母表中的一个不同符号。这个算法的第 1 次迭代把具有最低频率的那两个符号的对应节点进行归并，在此例中是 C 和 D。在这次迭代之后，算法的森林中只包含 3 棵树，符号频率之和如图 2.17 所示。

符号	频率
A	0.60
B	0.25
C	0.10
D	0.05

图 2.16 字母表

符号	符号频率之和
包含A的树	0.60
包含B的树	0.25
包含C和D的树	0.05+0.10=0.15

图 2.17 符号频率之和

后两棵树具有最小的符号频率之和，因此它们在下一次迭代中被归并。在第 3 次迭代中，森林 F 只包含两棵树，将它们归并之后就产生了最后的输出，正好就是那棵在第 2.2.1 节中表示可变长度的非前缀编码的树，如图 2.18 所示。

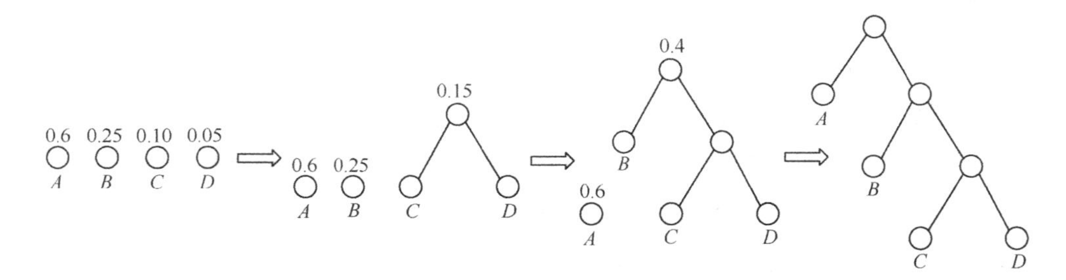

图 2.18 可变长度的非前缀编码的树

2.3.5 一个更复杂的例子

为了保证哈夫曼的贪心算法的思路清晰透明，我们通过一个更复杂的例子

（见图 2.19）观察最终的树是如何生成的。

符号	频率
A	3
B	2
C	6
D	8
E	2
F	6

图 2.19 复杂例子

如果读者觉得这些频率之和不等于 1 有点别扭，那么可以把它们都除以 27，这并不会改变问题的本质。

和前文一样，第 1 个步骤是把频率最低的两个符号进行归并，也就是 *B* 和 *E*，如图 2.20 所示。

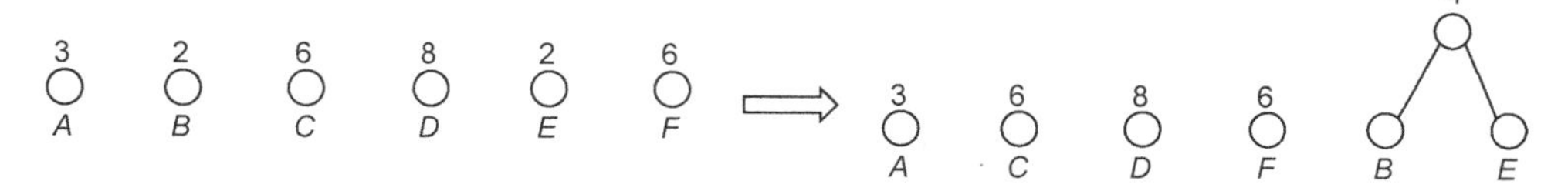

图 2.20 归并 *B* 和 *E*

森林中剩余的 5 棵树的相关信息如图 2.21 所示。

符号	符号频率之和
包含*A*的树	3
包含*B*的树	6
包含*D*的树	8
包含*F*的树	6
包含*B*和*E*的树	2+2=4

图 2.21 剩余的 5 棵树

接着，算法把第 1 棵树和最后一棵树进行归并，如图 2.22 所示。

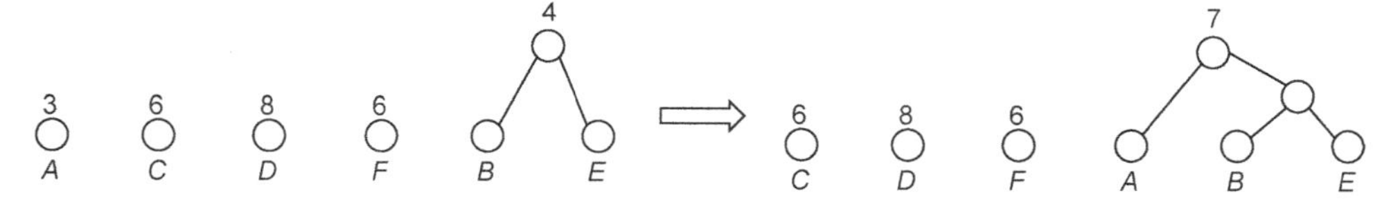

图 2.22 把第 1 棵树和最后一棵树归并

森林中剩余的 4 棵树的相关信息如图 2.23 所示。

符号	符号频率之和
包含*C*的树	6
包含*D*的树	8
包含*F*的树	6
包含*A*、*B*和*E*的树	4+3=7

图 2.23 剩余的 4 棵树

接着，算法把标签为 C 和 F 的节点进行归并，如图 2.24 所示。

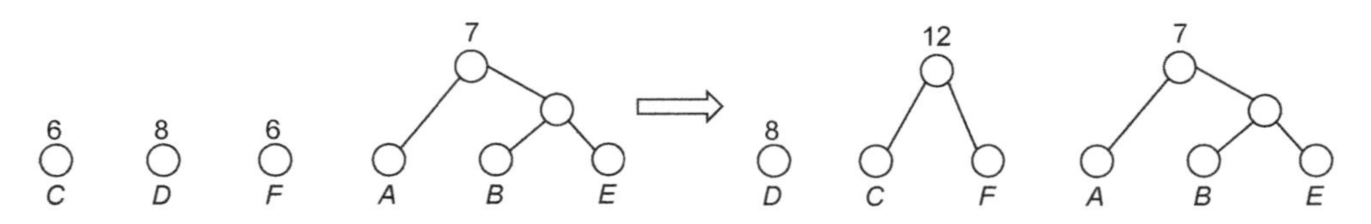

图 2.24 归并 C 和 F

现在还剩余 3 棵树，相关信息如图 2.25 所示。

符号	符号频率之和
包含D的树	8
包含C和F的树	6+6=12
包含A、B和E的树	7

图 2.25 剩余的 3 棵树

倒数第 2 次归并发生在第 1 棵树和第 3 棵树之间，如图 2.26 所示。

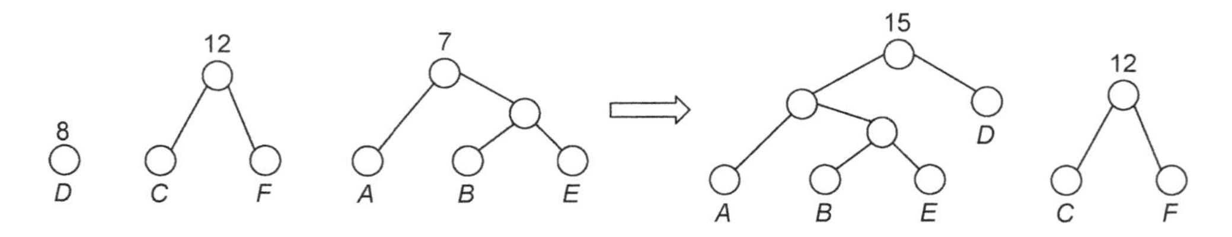

图 2.26 把第 1 棵树和第 3 棵树归并

最后一次归并就产生这个算法的输出，最终归并结果如图 2.27 所示。

这棵树对应于图 2.28 所示的非前缀编码。

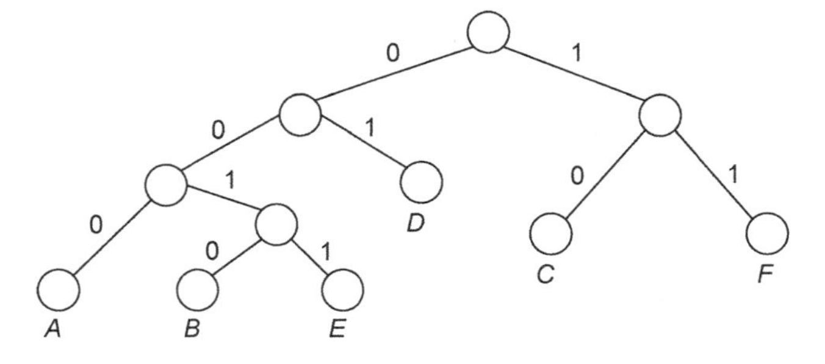

图 2.27 最终归并结果

符号	编码
A	000
B	0010
C	10
D	01
E	0011
F	11

图 2.28 非前缀编码

2.3.6 运行时间

哈夫曼算法的简单实现的运行时间是 $O(n^2)$，其中 n 表示符号的数量。如小测验 2.3 所述，每次归并会使 F 中树的数量减少 1，因此主循环总共有 $n-1$ 次迭代。每次迭代负责识别当前树中具有最小符号频率之和的那两棵树，这可以通过对 F 进行穷举搜索在 $O(n)$时间内完成。剩余的工作包括初始化、对 F 进行更新以及当两棵树归并时对指针的重置等都只对总体运行时间产生 $O(n)$的影响，因此总的运行时间是 $O(n^2)$。

熟悉堆数据结构（在卷 2 的第 4 章有介绍并在本书的第 3.3 节进行回顾）的读者应该有机会做得更好。堆数据结构的存在意义是提高反复的最小值计算的速度，使每次计算只使用对数级的时间而不是线性时间。在哈夫曼算法的主循环中，每次迭代所完成的工作主要取决于两次最小值计算，因此我们马上就会闪现一个想法：这个算法需要使用堆！使用堆来加速最小值计算，从而把运行时间从 $O(n^2)$ 降低到 $O(n\log n)$，这完全称得上是一种速度“耀眼”的快速实现。①

我们甚至可以做得更好。我们在实现哈夫曼算法时可以对符号按照频率的升序进行排序并执行一些线性数量的额外处理。这种实现使用一种更简单的数据结构，避免了堆的使用，这种数据结构就是队列（实际上使用了两个队列）。更多细节可以参考章末习题。n 个符号可以在 $O(n\log n)$时间内按频率进行排序（参见第 2 页的脚注③），因此这种实现的运行时间是 $O(n\log n)$。而且，在排序几乎能在线性时间内完成的特殊情况下，哈夫曼算法的这种实现甚至能够达到线性的运行时间。②

2.3.7 小测验 2.3 的答案

正确答案：（a）。最初的森林具有 n 棵树，其中 n 是字母表的符号数量。每

---

① 堆中的对象对应于 F 中的树。与一个对象相关联的键是与树的叶节点对应的符号的频率之和。在每次迭代时，我们可以使用两个连续的 ExtractMin 操作从堆中移除树 T_1 和 T_2，并使用一个 Insert 操作添加归并后的树 T_3（T_3的键被设置为 T_1 和 T_2 的键之和）。

② 对需要排序的数据并没有任何假设的“通用”排序算法的最佳运行时间是 $O(n\log n)$。但是，如果加上一些额外的假设，有些专用的算法可以实现更快的速度。例如，如果需要排序的每个数据是最大不超过 n^{10} 的整数，那么 RadixSort 算法可以在 $O(n)$的时间内对它们完成排序。详细讨论可参见卷 1 的第 5.6 节。

次归并把两棵树变为一棵，因此树的数量减少 1。这个算法在只剩下一棵树的时候结束，也就是在经过 $n-1$ 次归并之后。

*2.4 正确性证明

哈夫曼算法正确地解决了最优的非前缀编码问题。[①]

定理 2.1（哈夫曼算法的正确性） 对于每个字母表 Σ 并且其中的每个符号 $a \in \Sigma$ 具有非负的符号频率 $\{p_a\}$，哈夫曼算法输出一种具有最短平均长度的非前缀编码。

换种说法，这个算法输出一棵具有最小的叶节点平均深度的 Σ 树。

2.4.1 高层计划

定理 2.1 的证明融合了贪心算法的正确性证明的两种常见策略。它们都是在第 1.4 节所提到的：数学归纳法和交换参数法。

我们将根据字母表的长度进行归纳，在实现归纳步骤时需要两个主要思路。现在确定某个输入字母表 Σ 和符号频率 p，并设 a 和 b 分别表示具有最低频率和次低频率的符号。在哈夫曼算法的第 1 次迭代中，它把 a 和 b 对应的叶节点进行归并。此时，这个算法有效地提交了一棵 Σ 树，树中（叶节点对应的）a 和 b 是兄弟节点。第一个主要思路是证明在所有这样的树中，哈夫曼算法所输出的树是最优的。

主要思路 1

证明哈夫曼算法所产生的输出在所有以 a 和 b 为兄弟节点的 Σ 树中具有最小的叶节点平均深度。

这个步骤可以简化为证明计算以 a 和 b 为兄弟节点的最佳 Σ 树的问题与计算最佳 Σ' 树的问题是相同的，其中 Σ' 除了 a 和 b 融合为一个符号之外均与 Σ 相

① 像本节这样带“*”的内容难度更大，读者在第一遍阅读本书时可以将它们跳过。

同。由于Σ'是比Σ更小的字母表，因此我们可以使用数学归纳法来完成证明。

第一个主要思路还不够充分。如果以a和b为兄弟节点的每棵Σ树都是次优的，那么对它们进行优化并没有什么好处。第二个主要思路解决了这个烦恼，证明提交一棵以两个最低频率的符号为兄弟节点的树总是安全的。

主要思路 2

证明存在一棵以a和b为兄弟节点的最优Σ树。

这个思路是为了说明我们可以对每棵Σ树进行“压榨”，要么证明它们具有相同的优秀程度，要么通过把标签a和b与这棵树最深层的两个叶节点的标签x和y进行交换，形成一棵以a和b为兄弟节点的更优Σ树。从直觉上说，把具有最低频率的符号a和b降级到树的最深层次并把具有更高频率的x和y放在更靠近根节点的位置肯定是利大于弊的。

如果能够同时实现这两个主要思路，就可以很轻松地通过数学归纳法证明定理 2.1。第一个主要思路说明哈夫曼算法解决了在受限的Σ树群（a和b为兄弟节点）中寻找最优树的问题。第二个主要思路保证了这种受限的树群中最优的那棵树实际上就是原问题的最优解决方案。

2.4.2 细节

1. 数学归纳法回顾

为了完成正式的证明，我们需要回顾数学归纳法这个“老朋友”。[①]使用数学归纳法的证明采用了一种相对刻板的模板，其目标是建立一个断言$P(k)$对于任意大的整数k都成立。在定理 2.1 的证明中，我们把$P(k)$描述为：当字母表的大小不超过k时，哈夫曼算法能够正确地解决最优的非前缀编码问题。

与递归算法相似，采用数学归纳法的证明也分为两部分：一个基本条件和一个归纳步骤。对于我们而言，最自然的基本条件就是$P(2)$这种情况（如果字母表

---

① 为了熟悉数学归纳法，读者可以参见本系列图书卷 1 的附录 A 或序言部分所提到的计算机科学书中的数学部分。

中只有一个符号，最优的非前缀编码问题就毫无意义)。在归纳步骤中，我们假设 $k > 2$。我们还假设 $P(2),P(3),\cdots,P(k-1)$都是成立的，这称为归纳假设，并通过这个假设证明 $P(k)$也因此是成立的。如果我们证明了基本条件和归纳步骤都是正确的，则对于每个正整数 $k\geqslant 2$，$P(k)$都是成立的。$P(2)$作为基本条件明显是正确的，然后就像倒塌的多米诺骨牌一样，不断地应用归纳步骤说明对于任意大的 k 值，$P(k)$都是正确的。

哈夫曼算法对于两个符号的字母表是最优的：这个算法使用 1 位对每个符号进行编码(0 表示一个符号，1 表示另一个符号)，这是理论上的最短长度。因此，它在基本条件下是成立的。

在归纳步骤中，假设 $k>2$ 并设长度为 k 的字母表 Σ，对于每个 $x\in\Sigma$ 都有非负的符号频率 $p=\{p_x\}$。在证明的剩余部分中，我们用 a 和 b 分别表示 Σ 中具有最低频率和次低频率的两个符号。

2．第一个主要思路重述

为了实现第 2.4.1 节中的第一个也是最难的主要思路，我们定义了

$$T_{ab}=\{a \text{ 和 } b \text{ 分别是具有公共父节点的左右子树的 } \Sigma \text{ 树}\}$$

哈夫曼算法输出 T_{ab} 中的一棵树，我们希望它是一棵符合下面条件的最优树。

(*)在 T_{ab} 的所有树中，哈夫曼算法输出一棵具有最小的叶节点平均深度的树。

提醒一下，一棵 Σ 树 T 与符号频率 p 有关的叶节点平均深度是

$$L(T,p)=\sum_{x\in\Sigma} p_x\cdot(T \text{ 中标签为 } x \text{ 的叶节点的深度})$$

这个数量与对应的非前缀编码方案的平均编码长度相同。

3．把归纳假设应用于一个剩余问题

归纳假设只适用于字符数量少于 k 的字母表。因此我们通过融合符号 a 和 b 从 Σ 得出 Σ'，也就是把具有最低频率和次低频率的两个符号融合为单个“元符号” ab。Σ'树和 Σ 树受限制的集合 T_{ab}之间存在一对一的对应关系（见图 2.29）。每棵 Σ'树 T'可以把标签为“ab”的叶节点替换为一个左右子树分别为“a”和“b”

的无标签节点，从而转换为一棵 Σ 树 $T \in T_{ab}$。我们用 $\beta(T')$表示 $T' \to T$ 的映射。反过来，每棵树 $T \in T_{ab}$ 也可以转换为 Σ'树 T'，方法是把标签为 a 和 b 的叶节点合并为一个（公共的）父节点，并把这个“元节点”即父节点加上 ab 的标签。我们用 $\alpha(T)$表示这种相反的映射 $T \to T'$，如图 2.29 所示。

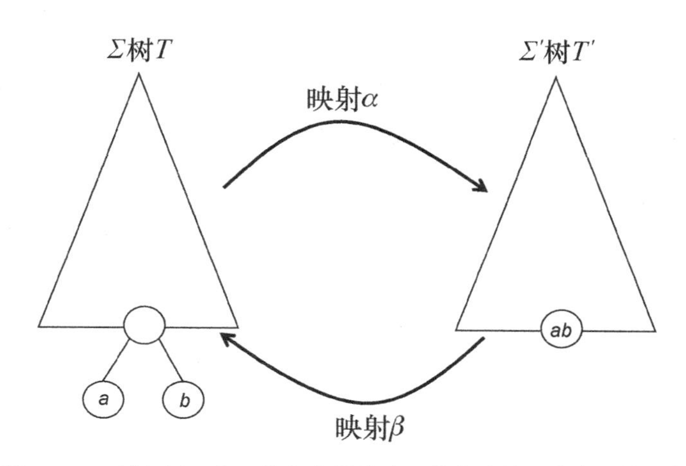

图 2.29 Σ树与以 a 和 b 为左右子节点（具有公共父节点）的 Σ 树之间存在一对一的对应关系

我们赋值给 Σ'的符号频率 $P' = \{p'_x\}_{x \in \Sigma'}$与 Σ 的频率匹配，唯一的例外是新符号 ab 的频率 p'_{ab} 被定义为它所表示的两个符号的频率之和 $p_a + p_b$。

哈夫曼算法的第 1 次迭代将标签为 a 和 b 的叶节点归并，并把它们看成一个不可分割的单元，其频率为 $p_a + p_b$。这意味着这个算法的最终输出就像它是从输入 Σ'和 p'开始，并把它所产生的 Σ'树通过映射 β 转换回一棵 Σ 树 T_{ab} 一样。

命题 2.2（哈夫曼行为的保留） 哈夫曼算法在输入为 Σ 和 p 时的输出是 $\beta(T')$，其中 T'是哈夫曼算法在输入为 Σ'和 p'时的输出。

4．对应性的其他属性

由映射 α 和 β 所给出的 Σ'树和 T_{ab} 中的 Σ 树之间的对应性还保留了叶节点的平均深度，这是一个与树的选择无关的常量。

命题 2.3（叶节点的平均深度的保留） 对于 T_{ab} 中的每棵符号频率为 p 并且对应的 Σ'树 $T' = \alpha(T)$和符号频率为 p'的 Σ 树

$$L(T,p)=L(T',p')+\underbrace{p_a+p_b}_{\text{与}T\text{无关}}$$

证明： T 中标签不是 a 或 b 的叶节点在 T' 中占据与原先相同的位置。它们的频率在 p 和 p' 中是相同的，因此这些叶节点在两棵树中对叶节点的平均深度的贡献是相同的。p 中 a 和 b 的总频率与 p' 中 ab 的频率相同，但是对应的叶节点的深度更深一层。因此，a 和 b 对 T 的叶节点的平均深度的贡献是 p_a+p_b，大于 ab 对 T' 的叶节点的平均深度的贡献。**证毕**。

由于 Σ' 树和 T_{ab} 中的 Σ 树之间的对应性还保留了叶节点的平均深度[为与树无关的常量（p_a+p_b）]，因此它把最优的 Σ' 树与 T_{ab} 中的最优 Σ 树相关联：

$$\begin{gathered}T_{ab}\text{中的最佳}\Sigma\text{树}\underset{\beta}{\overset{\alpha}{\rightleftharpoons}}\text{最佳}\Sigma'\text{树}\\T_{ab}\text{中的次佳}\Sigma\text{树}\underset{\beta}{\overset{\alpha}{\rightleftharpoons}}\text{次佳}\Sigma'\text{树}\\\vdots\\T_{ab}\text{中的最差}\Sigma\text{树}\underset{\beta}{\overset{\alpha}{\rightleftharpoons}}\text{最差}\Sigma'\text{树}\end{gathered}$$

推论 2.1（最优解决方案的保留） 在所有的 Σ' 树 T' 中，Σ' 树 T^* 当且仅当 T_{ab} 中的所有 Σ 树中的对应 Σ 树 $\beta(T^*)$ 具有最小的 $L(T,p)$ 时具有最小的 $L(T',p')$。

5. 实现第一个主要思路

所有准备工作都已完成，现在我们可以证明命题（*），也就是在 T_{ab} 的所有树中，哈夫曼算法能够输出具有最小叶节点平均深度的那棵树。

（1）根据命题 2.2，哈夫曼算法在输入为 Σ 和 p 时的输出为 $\beta(T')$，其中 T' 是哈夫曼算法在输入为 Σ' 和 p' 时的输出。

（2）由于 $|\Sigma'|<k$，因此数学归纳法证明了哈夫曼算法在输入为 Σ' 和 p' 时的输出 T' 是最优的。

（3）根据推论 2.1，Σ 树 $\beta(T')$ 是输入为 Σ 和 p 的原问题的最优树。

6. 实现第二个主要思路

归纳步骤的第 2 部分更为容易，它建立在交换参数法的基础上。在这里，我们想要证明哈夫曼算法通过提交一棵具有两个最低频率的符号是兄弟节点的树，从而不会产生错误。

（†）T_{ab} 中存在一棵树，在所有的 Σ 树 T 中具有最小的叶节点平均深度 $L(T,p)$。

为了证明（†），考虑一棵任意的 Σ 树 T。我们可以通过展示一棵 a 和 b 为兄弟节点且 $L(T^*,p)\leqslant L(T,p)$ 的树 $T^*\in T_{ab}$ 来完成这个证明。这种方法无损普遍性，因为 T 的每个节点要么是叶节点，要么具有两个子节点。[①]因此，存在两个具有同一个父节点的节点位于 T 的最深层，假设它的左右子节点分别是 x 和 y。[②]通过交换标签为 a 和 x 的叶节点以及标签为 b 和 y 的叶节点获得 Σ 树 $T^*\in T_{ab}$，如图 2.30 所示。

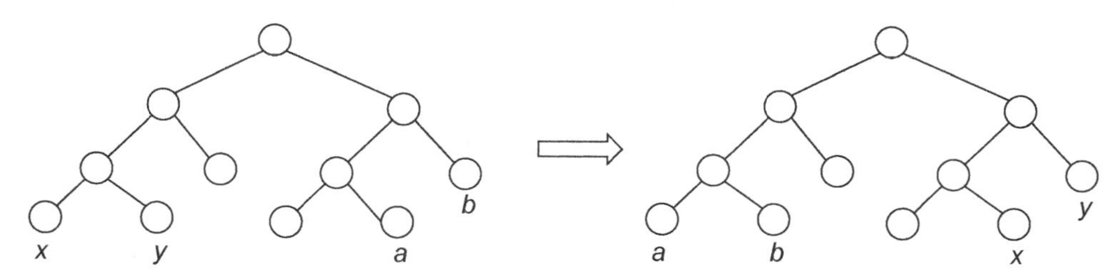

图 2.30　交换标签

叶节点的平均深度有什么变化呢？对式（2.1）进行扩展并取消与 a、b、x 和 y 之外的叶节点相对应的项，可以得到下面的结果

$$L(T)-L(T^*)=\sum_{z\in\{a,b,x,y\}} p_z\cdot(T\text{中 } z \text{ 的深度}-T^*\text{中 } z \text{ 的深度})$$

T^*中的深度可以根据 T 的深度进行改写。例如，T^*中 a 的深度与 T 中 x 的深度相同，T^*中 y 的深度与 T 中 b 的深度相同，接下来以此类推。因此，我们可以巧妙地将这些项进行重新整理，得到下面的结果

$$\begin{aligned}L(T)-L(T^*)&=\underbrace{(p_x-p_a)}_{\geqslant 0}\cdot\underbrace{(T\text{中}x\text{的深度}-T\text{中}a\text{的深度})}_{\geqslant 0}\\&\quad+\underbrace{(p_y-p_b)}_{\geqslant 0}\cdot\underbrace{(T\text{中}y\text{的深度}-T\text{中}b\text{的深度})}_{\geqslant 0}\\&\geqslant 0\end{aligned}$$

① 只有一个子节点的中间节点可以通过拼接转换到另一棵具有更小叶节点平均深度的 Σ 树上。

② 简单起见，我们假设 x 和 y 与 a 和 b 不同，但即使 $\{x,y\}$ 和 $\{a,b\}$ 存在重叠，这个证明也是有效的（读者可以自行验证）。

重新整理之后可以看到，左端的减法结果显然是非负的：$p_x - p_a$ 和 $p_y - p_b$ 是非负的，选择 a 和 b 是因为它们具有最低的频率。右端的另两项是非负的，因为 x 和 y 是从 T 的最深层次中选择的。我们可以得出结论，$T^* \in T_{ab}$ 的叶节点平均深度最多不会超过 T 的叶节点平均深度。对于每棵 Σ 树，T_{ab} 中至少有一棵树与它相同或比它更好。因此，T_{ab} 包含了所有 Σ 树中最优的一棵。这就圆满完成了（†）的证明。

概括地说，命题（*）提示了在输入为 Σ 和 p 时，哈夫曼算法从受限制的集合 T_{ab} 中输出最优的那棵树。根据（†）的结论，这棵树是原问题的最优树。这样，我们就完成了归纳步骤以及定理 2.1 的证明。**证毕**。

2.5 本章要点

- 当字母表中的不同字符具有不同的频率时，非前缀的可变长度的二进制编码方案相比固定长度的编码方案可以实现更短的平均编码长度。
- 非前缀的编码可以描述为叶节点与字母表中的符号具有一一对应关系的二叉树。编码就对应于从根节点到叶节点的路径，到左子节点和右子节点的边分别被解释为 0 和 1，平均编码长度则对应于平均叶节点深度。
- 哈夫曼的贪心算法维护一个森林，叶节点对应于字母表的符号，算法在每次迭代中贪婪地归并使平均叶节点深度增加最小的那两棵树。
- 哈夫曼算法保证能够产生具有最短平均编码长度的非前缀编码。
- 哈夫曼算法可以实现 $O(n\log n)$ 的运行时间，其中 n 是符号的数量。
- 哈夫曼算法的正确性证明使用交换参数法说明存在一个最优解决方案。在这个解决方案中，两个最低频率的符号是兄弟节点，然后我们通过数学归纳法证明这个算法能够计算出这样的解决方案。

2.6 章末习题

问题 2.1（S） 考虑一个具有图 2.31 所示的符号频率的 5 符号字母表。

符号	频率
A	0.32
B	0.25
C	0.2
D	0.18
E	0.05

图 2.31 5 符号字母表

最优的非前缀编码方案的平均编码长度是多少？

（a）2.23

（b）2.4

（c）3

（d）3.45

问题 2.2（S） 考虑一个具有图 2.32 所示的符号频率的 5 符号字母表。

符号	频率
A	0.16
B	0.08
C	0.35
D	0.07
E	0.34

图 2.32 5 符号字母表

最优的非前缀编码方案的平均编码长度是多少？

（a）2.11

（b）2.31

（c）2.49

（d）2.5

问题 2.3（H） 哈夫曼的贪心算法对一个符号进行编码的最多位数可以达到多少（和往常一样，$n=|\Sigma|$表示字母表的长度）？

（a）$\log_2 n$

（b）$\ln n$

（c）$n-1$

（d）n

问题 2.4（H） 关于哈夫曼的贪心算法，下面哪些说法是正确的？假设符号频率之和为 1。（选择所有正确的答案。）

（a）一个符号频率至少为 0.4 的字母的编码长度绝不会达到 2 位或更多

（b）一个符号频率至少为 0.5 的字母的编码长度绝不会达到 2 位或更多。

（c）如果所有符号的频率都小于 0.33，则所有符号的编码至少需要 2 位。

（d）如果所有符号的频率都小于 0.5，则所有符号的编码至少需要 2 位。

挑战题

问题 2.5（S） 提供哈夫曼的贪心算法的一个实现，即只能一次调用一个排序子程序，然后是线性数量的额外操作。

编程题

问题 2.6 用自己最喜欢的编程语言实现第 2.3 节的哈夫曼算法，解决最优的非前缀编码问题。基于堆的实现（见第 37 页脚注①）相比二次方时间级的简单实现要快多少？[①]问题 2.5 的实现比基于堆的实现又要快多少？

① 不要忘了检查自己最喜欢的编程语言是否已经内置了堆数据结构，例如 Java 的 PriorityQueue 类。

第 3 章 最小生成树

本章把贪心算法设计范例应用于一个著名的图问题，即最小生成树（MST）问题。MST 问题是一个适合研究贪心算法的独特“竞技场”，我们可以想到的几乎所有贪心算法都能在这里得到证实。在回顾图的基础知识并对问题进行正式定义（第 3.1 节）之后，我们将讨论两种经典的 MST 算法，第 3.2 节的 Prim 算法和第 3.5 节的 Kruskal 算法。这两种算法分别使用了堆和合并查找（union-find）数据结构，它们都具有“炫目”的实现速度。第 3.8 节概括 Kruskal 算法在机器学习中的一个应用，用于实现单链集群。

3.1 问题定义

最小生成树问题就是通过尽可能小的代价连接一串对象。这些对象和连接可以表示实体，例如计算机服务器以及它们之间的通信连接。每个对象也可以是一种文档表示形式（例如一个表示单词频率的向量），而连接可以对应于成对的“相似”文档。在一些应用领域中，包括计算机网络（可以尝试在网上搜索“生成树协议”）和机器学习（参见第 3.8 节），这类问题的存在很正常。

3.1.1 图

对象以及它们之间的连接的较为自然的建模方式就是图。图 $G=(V,E)$具有两

个组成部分：顶点集 V 和边集 E。本章只考虑无向图（见图 3.1），这种图的边是没有方向的顶点对 $\{v,w\}$（写成 $e=(v,w)$ 或 $e=(w,v)$），这两个顶点称为边的端点。[①] 顶点和边的数量 $|V|$ 和 $|E|$ 则很自然地分别由 n 和 m 表示。

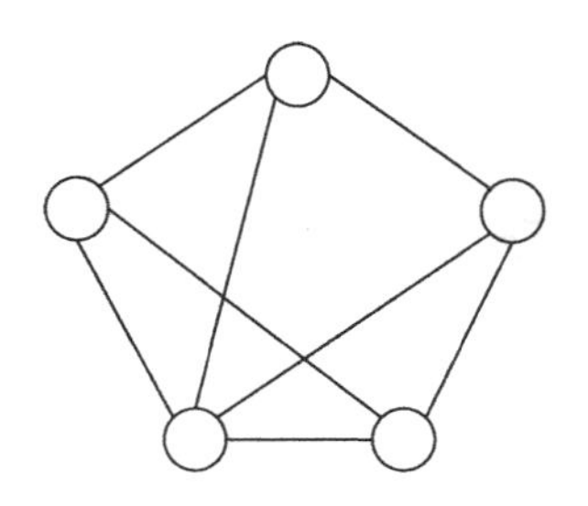

图 3.1 具有 5 个顶点和 8 条边的无向图

为了在算法中使用图，可以采用不同的方法对图进行编码。本章假定输入图采用邻接列表的形式，其中有一个顶点数组、一个边数组、每条边指向它的两个端点的指针以及每个顶点指向它的关联边的指针。[②]

3.1.2 生成树

最小生成树问题的输入是一个无向图 $G=(V,E)$，其中每条边 e 具有实数值的成本 c_e（例如，c_e 可以表示连接两台计算机服务器的成本）。这个问题的目标是计算该图的一棵最小生成树，它具有最小的边成本之和。所谓 G 的生成树，是指边的一个子集 $T \subseteq E$，它满足两个属性。首先，T 不应该包含环路（cycle）（这是生成树中的“树”）[③]。其次，对于每个顶点对 $\{v,w\} \in V$，T 都应该包含 v 和 w 之间的一条路径（这是生成树中的“生成”）。[④]具有重复顶点的路径可以转换为没有重复顶点的路径，如图 3.2 所示。

① 有向图也存在类似的 MST 问题，例如最小成本树问题和最优分枝问题。这类问题也存在快速算法，但是略微超出了本书的范围。

② 关于图以及它的表示形式的详细信息，可以参阅卷 2 的第 1 章。

③ 图 $G=(V,E)$ 中的环路表示一条路径可以回到它开始的地点，例如边序列 $e_1=(v_0,v_1), e_2=(v_1,v_2), \cdots, e_k=(v_{k-1},v_k)$ 满足 $v_k=v_0$。

④ 方便起见，我们一般允许图中的一条路径 $(v_0,v_1), (v_1,v_2), \cdots, (v_{k-1},v_k)$ 包含重复的顶点或者说允许包含一条或多条环路。不要被这个问题困扰：我们总是可以通过反复地对同一个顶点的不同访问所产生的子路径进行剪拼，来把原先包含环路的路径转换为同一对端点 v_0 和 v_k 之间的一条无环路径（参见图 3.2）。

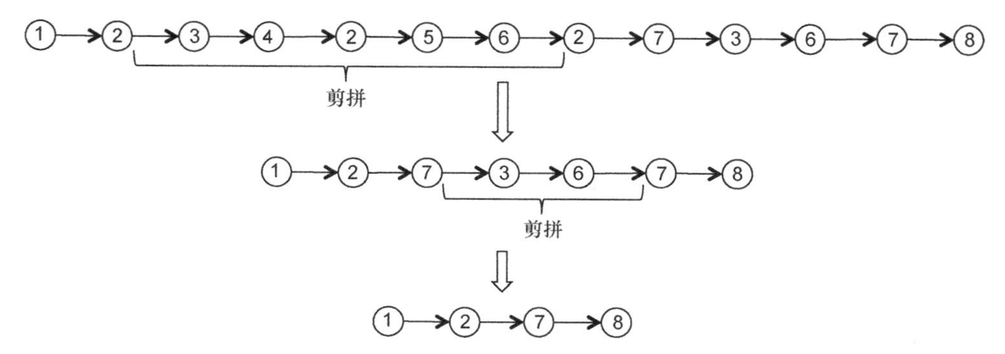

图 3.2 具有重复顶点的路径可以转换为没有重复顶点的路径

小测验 3.1

图 3.3 所示的生成树的最小边成本之和是多少（每条边的标签就是它的成本）？

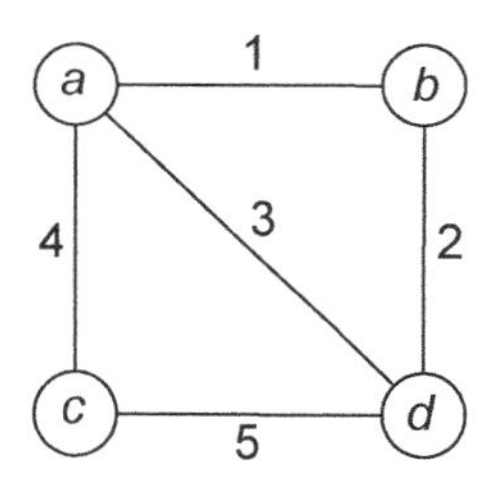

图 3.3 生成树

（a）6

（b）7

（c）8

（d）9

（关于正确答案和详细解释，参见第 3.1.3 节。）

只讨论连通图 $G=(V,E)$的生成树是合理的，因为只有连通图 E 才存在从图的任何顶点 $v\in V$ 访问图中其他任何顶点 $w\in V$ 的路径。[①]如果 E 中的顶点 v 和 w 之间不存在路径，则在所有的边子集 $T\subseteq E$ 中也都不存在这样的路径。因此我们在本章中假设输入图都是连通图。至于非连通图，知道形式即可，非连通图如图 3.4 所示。

① 例如，图 3.1 所示的是连通图，而图 3.4 所示的不是连通图。

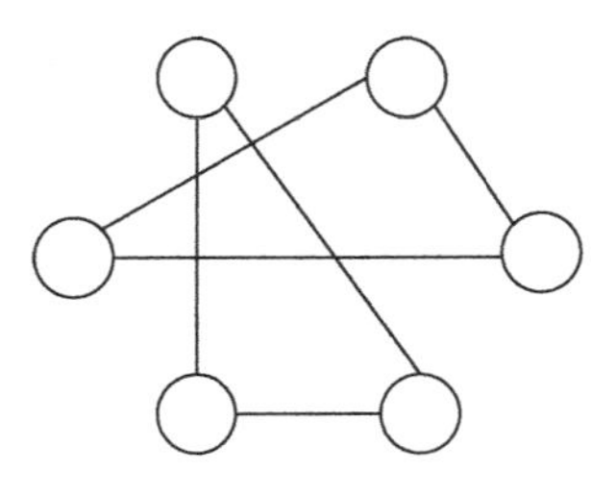

图 3.4 非连通图

最小生成树的前提条件是输入图 $G=(V,E)$是连通图，每对顶点之间至少存在一条路径。

计算小测验 3.1 的 4 顶点图的最小生成树是相当容易的。但对于一般的图难度又是怎么样的呢？

问题：最小生成树

输入：无向连通图 $G=(V,E)$，每条边 $e \in E$ 有一个实数值的成本 c_e。

输出：G 的一棵生成树 $T \subseteq E$，具有最小的边成本之和 $\sum_{e \in T} c_e$。[①]

我们可以假设输入图中的任意一对顶点之间最多只有一条边。如果存在平行边，则可以只保留成本最低的那条，这并不会对原先的问题有任何改变。

与第 1 章的最小加权完成时间之和问题或第 2 章的最优非前缀编码问题相似，随着问题的规模增大，可能的解决方案数量呈指数级增长。[②]有没有一种算法能够像大海捞针一样神奇地从诸多的生成树中找出那棵具有最低成本的树呢？

3.1.3 小测验 3.1 的答案

正确答案：(b)。这棵最小生成树由边(a,b)、(b,d)和(a,c)组成，如图 3.5 所示。

---

① 对于非连通图，我们可以考虑最小生成森林问题，其目标是找到具有最小边成本之和的最大无环子图。这个问题可以通过宽度优先或深度优先的搜索（参见卷 2 的第 2 章）以线性时间计算输入图的连通分量，然后独立地把 MST 算法应用于图的各个连通分量。

② 例如，Cayley 公式是一个著名的组合公式，它表示 n 个顶点的完全图（所有可能的 $\binom{n}{2}$ 条边都存在）具有 n^{n-2} 棵不同的生成树。当 $n \geq 50$ 时，它比宇宙中的原子的估计数量都要大。

它的边成本之和是 7。这些边并没有形成环路，并且可以从一个顶点出发到达其他任何顶点。

图 3.6 所示的这两棵生成树要稍差一点，它们的边成本之和是 8。

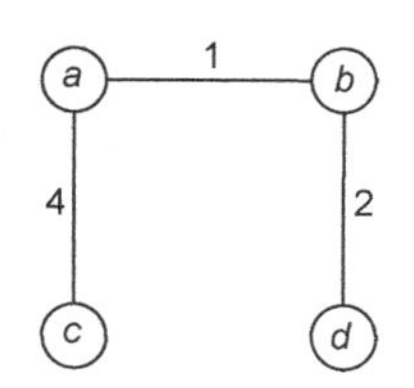

图 3.5 最小生成树

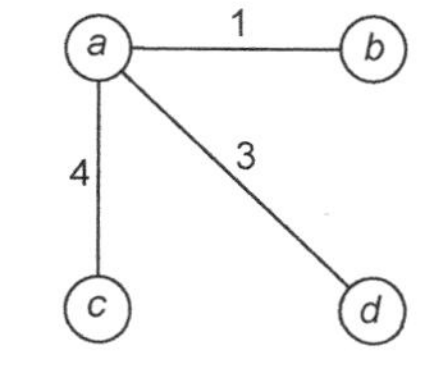

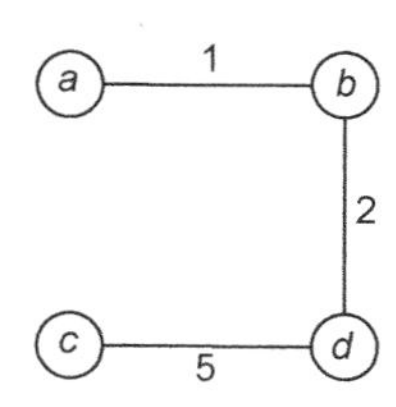

图 3.6 两棵生成树

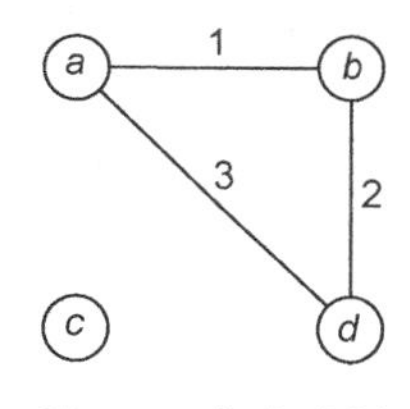

图 3.7 非生成树

(a,b)、(b,d)和(a,d)这 3 条边组成的非生成树具有最小的边成本 6，如图 3.7 所示。

但是，这些边并没有组成一棵生成树。事实上，它们在两个方面都没有达标。首先是它们形成了一条环路，其次是无法从 c 出发到达其他任何顶点。

3.2 Prim 算法

我们所讨论的最小生成树问题的第一种算法是 Prim 算法，它是根据 Robert C. Prim 命名的，后者于 1957 年发明了这个算法。这个算法与 Dijkstra 的最短路径算法（卷 2 的第 3 章详细介绍了这个算法）极为相似，因此当 Edsger W. Dijkstra 于 1959 年独立地实现了同一个算法时，也就不足为奇了。后来，人们才意识到这个算法早在 1930 年就被 Vojtěch Jarník 发现。因此这个算法又称 Jarník 算法或 Prim-Jarník 算法。[①]

3.2.1 例子

接下来，我们将通过一个具体的例子详细讨论 Prim 算法，这个例子与小测

① 关于这方面的历史，可以参阅 Ronald L. Graham 和 Pavol Hell 的论文“On the History of the Minimum Spanning Tree Problem”（关于最小生成树问题的历史，*Annals of the History of Computing*《计算机历史年鉴》，1985）。

验 3.1 相同，生成树如图 3.8 所示。

在看到伪码之前就通过一个例子讨论一个算法似乎有点奇怪，但是请相信我：在理解了这个例子之后，这个算法的伪码就会变得非常容易理解。[1]

Prim 算法首先选择一个任意的顶点，在这个例子中假设是顶点 b（实际选择哪个顶点不会有任何影响）。我们的计划是构建一棵树，每次增加一条边，从顶点 b 开始不断扩展，直到这棵树包含整个顶点集。在每次迭代中，我们采用贪婪的方式添加成本最低的边，对当前的树进行扩展。

这个算法的初始（空）树只生成了起始顶点 b。它的下一步走向有两个选项：边(a, b)和边(b, d)，如图 3.9 所示。

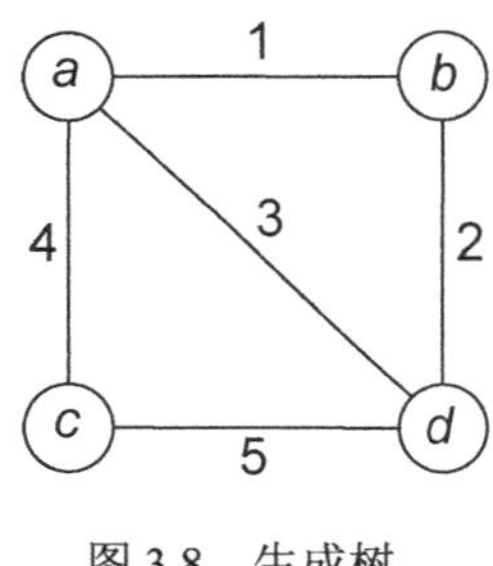

图 3.8 生成树

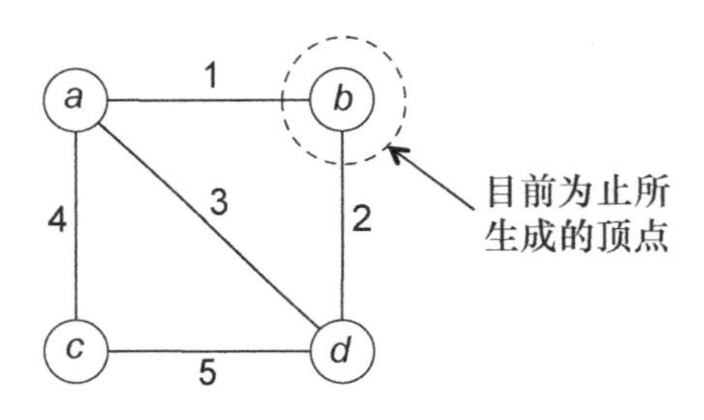

图 3.9 初始树

由于前者的成本更低，因此算法就选择了它。现在，这棵树生成了顶点 a 和 b。

在第 2 次迭代中，可以选择 3 条边之一：(a, c)、(a, d)和(b,d)，如图 3.10 所示。

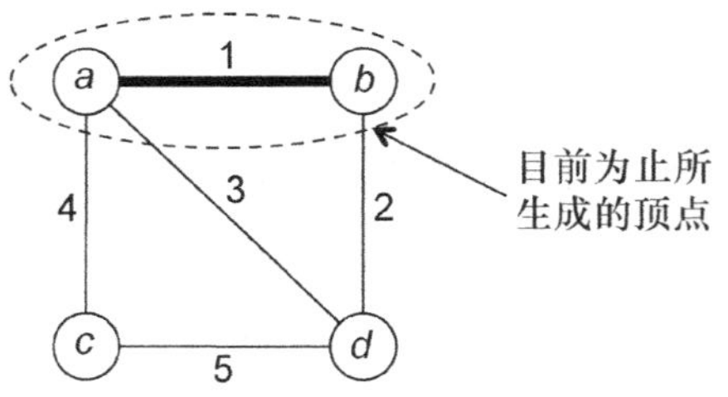

图 3.10 第 2 次迭代后的树

成本最低的边是(b, d)。添加这条边之后，这棵树生成了顶点 a、b 和 d。边(a, d)的两个端点都已经包含在到目前为止所生成的顶点中，若是再添加这条边就会产生环路，因此算法不再考虑它。

在最后一次迭式中，顶点 c 的生成有两个选项，即边(a, c)和(c, d)，如图 3.11 所示。

① 阅读过卷 2 的读者应该很容易意识到这个算法是与 Dijkstra 的最短路径算法极其相似的。

Prim 算法选择成本最低的边（a, c），从而生成了与小测验 3.1 相同的最小生成树，如图 3.12 所示。

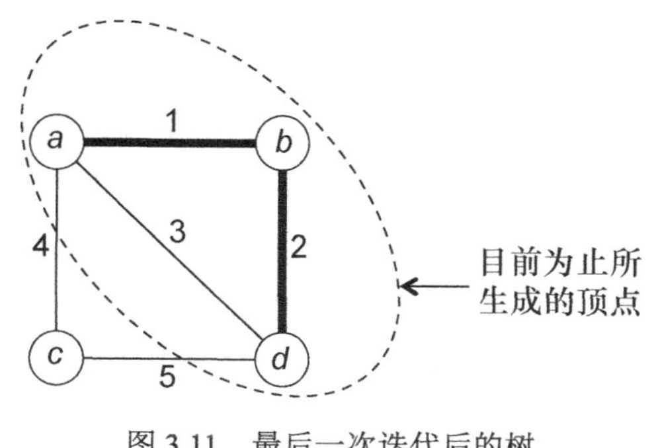

图 3.11 最后一次迭代后的树

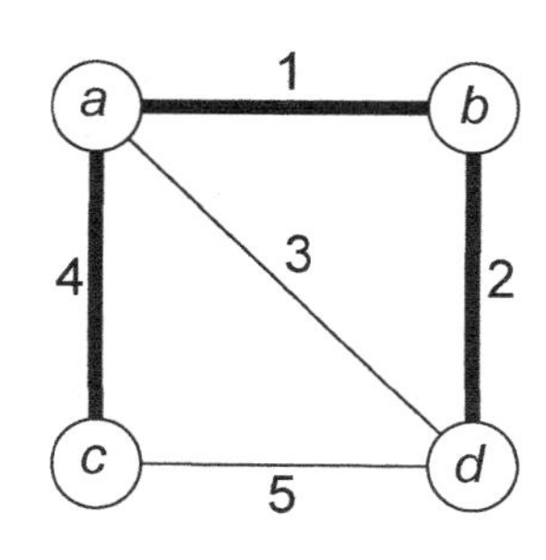

图 3.12 最小生成树

3.2.2 伪码

一般而言，Prim 算法从一个起始顶点出发，一次增加一条边，每次迭代时在目前的树的基础上添加一个顶点。作为一种贪心算法，它总是在满足要求的边中选择成本最低的那条。

Prim 算法

输入：采用邻接列表形式的无向连通图 $G=(V,E)$，每条边 $e\in E$ 的成本为 c_e。

输出：G 的最小生成树中的边。

```
// 初始化
X := {s} // s是一个任意选择的顶点
T := φ // 不变性: T中的边生成了顶点集 X
// 主循环
while 边(v,w)的 v ∈ X,w ∉ X do
    (v * ,w * ) := 边的最低成本
    添加顶点 w * to X
    添加边 (v * ,w * ) to T
return T
```

集合 T 和 X 记录了到目前为止被选中的边以及所生成的顶点。这个算法一

开始选择一个任意的起始顶点 s 作为 X 的种子。我们将会看到，不管选择的是哪个顶点，这个算法都是正确的。[1]每次迭代负责在 T 中添加一条新的边。为了避免冗余的边并保证在添加了新边之后确实对 T 进行了扩展，这个算法只考虑“跨越边界”的边，也就是边的一个端点在 X 中，另一个端点在 $V-X$ 中（见图 3.13）。如果存在多条满足条件的边，这个算法就贪婪地选择成本最低的那条边。在 $n-1$ 次迭代之后（n 表示顶点的数量），X 就包含了所有的顶点，算法就宣告结束。由于存在输入图 G 是连通图这个前提，因此这个算法在迭代过程中不会陷入“死局”。如果在某次迭代时 G 中不存在跨越 X 和 $V-X$ 的边，我们就可以得出结论 G 并不是连通图（因为它不满足从 X 的任意一个顶点出发都存在与其他任何顶点的路径这个条件）。

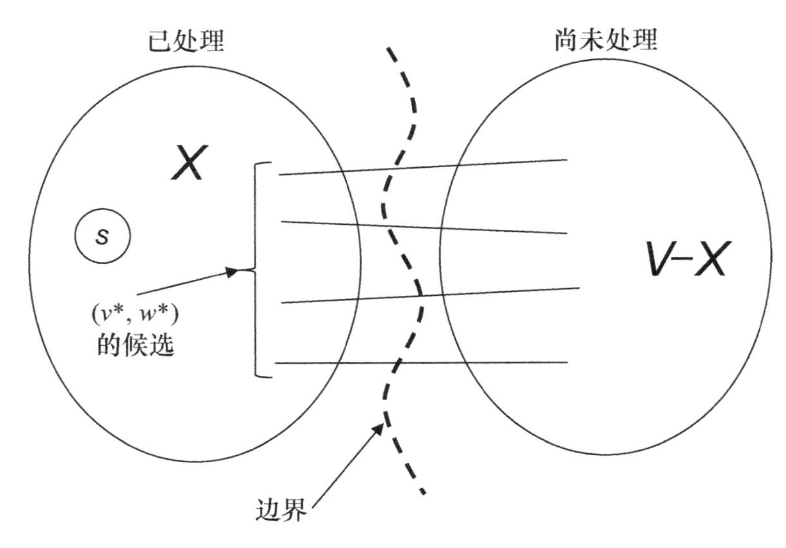

图 3.13　Prim 算法的每次迭代选择一条从 X 跨越到 $V-X$ 的新边

Prim 算法成功地计算了小测验 3.1 的 5 条边、4 个顶点图的最小生成树，但这说明不了什么问题。一个算法在某个特定的例子上能够正确地工作并不意味着

---

① MST 问题的定义并没有提到起始顶点，因此在这里人为地引入一个这样的概念似乎有点奇怪。选择起始顶点的一个很大优点是它允许我们高度模仿 Dijkstra 的最短路径算法（它所解决的单源最短路径问题有一个起始顶点）。并且，增加这个起始顶点其实并没有改变原来的问题：连接每一对顶点与把 s 与其他每个顶点进行连接是同一回事（为了获取一条 $v-w$ 路径，可以把从 v 到 s 和 s 到 w 的路径粘合在一起）。

它在所有情况下都能得到正确的结果！[①]我们一开始应该对 Prim 算法的正确性持怀疑态度，并要求得到它的正确性证明。

定理 3.1（Prim 算法的正确性） 对于每个连通图 $G=(V,E)$并且每条边具有实数值的成本值，Prim 算法返回 G 的一棵最小生成树。

第 3.4 节提供定理 3.1 的证明。

3.2.3 简单的实现

作为一种典型的贪心算法，Prim 算法（假设采用一种简单的实现）的运行时间分析要比它的正确性证明容易得多。

小测验 3.2

下面哪个运行时间最好地描述了用于计算最小生成树的 Prim 算法的简单实现？假设输入图采用邻接列表形式。和往常一样，n 和 m 分别表示输入图中顶点和边的数量。

（a）$O(m+n)$

（b）$O(m\log n)$

（c）$O(n^2)$

（d）$O(mn)$

（正确答案和详细解释如下。）

正确答案：（d）。Prim 算法的简单实现通过把每个顶点与一个布尔值相关联，来记录哪些顶点位于 X 中。在每次迭代时，它对所有的边执行一次穷举搜索，在两个端点分别在 X 和 $V-X$ 中的边中找出成本最低的那一条。在 $n-1$ 次迭代之后，所有的顶点都已经被添加到 X 中，因此算法结束。由于迭代的次数是 $O(n)$，每次迭代需要 $O(m)$的时间，因此总的运行时间是 $O(mn)$。

命题 3.1（Prim 算法的运行时间（简单实现）） 对于每个图 $G=(V,E)$并且每

---

① 就算是停了的表一天也有两次走对的时候。

条边具有实数值的成本值，Prim 算法的简单实现的运行时间是 $O(mn)$，其中 $m = |E|$且 $n = |V|$。

*3.3 通过堆提升 Prim 算法的速度

3.3.1 探求接近线性的运行时间

Prim 算法的简单实现的运行时间（命题 3.1）已经很不错了，它是问题规模的一个多项式函数，而对图的所有生成树进行穷举搜索需要指数级的时间。对于中等规模的图（顶点和边的数量以千计），这个实现的速度已经足够，即能够在较为合理的时间内完成任务。但是对于大型图（顶点和边的数量以百万计），这个速度是不够的。记住，所有算法设计师应该奉为圭臬的一句话是：我们能不能做得更好？在算法设计中，至高无上的目标是线性时间的算法（或近似线性时间），这也是我们在 MST 问题中所追求的目标。

我们并不需要一种更好的算法来实现这个问题近似线性时间的解决方案，而只需要 Prim 算法的一种更好实现。Prim 算法的简单实现的一个关键就是它使用穷举搜索不断地执行最小值计算。在反复执行最小值计算方面比穷举搜索更快的任何方法都可以用来实现更快的 Prim 算法。

我们在第 2.3.6 节简单地提到了有一种数据结构适合快速的最小值计算，它就是堆。因此，我们应该产生灵感：Prim 算法太需要堆了！

3.3.2 堆数据结构

堆维护一个不断变化的含键对象的集合，它支持一些快速的操作，其中有 3 个操作是我们所需要的。

堆支持的 3 个操作如下。

（1）Insert（插入）：对于一个特定的堆 H 和一个新对象 x，把 x 添加到 H 中。

（2）ExtractMin（提取最小值）：对于一个特定的堆 H，从 H 中删除并返回具有最小键的对象（或指向它的指针）。

（3）Delete（删除）：对于一个特定的堆 H 和一个指向 H 中某个对象 x 的指针，把 x 从 H 中删除。

例如，如果我们调用 Insert 操作 4 次，把键分别为 12、7、29 和 15 的对象添加到一个空堆，ExtractMin 操作将返回键为 7 的那个对象。

堆的标准实现提供了下面这个定理。

定理 3.2（3 个堆操作的运行时间）　在一个包含 n 个对象的堆中，Insert、ExtractMin 和 Delete 操作的运行时间是 $O(\log n)$。

堆还有一个额外的优点：在堆的典型实现中，大 O 表示法所隐藏的常数以及堆所需要的空间开销的数量也相对较小。[①]

3.3.3 如何在 Prim 算法中使用堆

堆能够使 Prim 算法的实现具有令人“炫目”的高速度，拥有近似线性的时间复杂度。[②]

定理 3.3（Prim 算法的运行时间（基于堆的实现））对于每个图 $G=(V,E)$并且每条边具有实数值的成本值，Prim 算法基于堆的实现具有 $O((m+n)\log n)$的运行时间，其中 $m=|E|$且 $n=|V|$。[③]

定理 3.3 的运行时间边界和读取输入相比只多了一个对数级的因子。因此，最小生成树问题完全可以冠以“零代价的基本算法”称号，并加入排序、计算图的连通分量以及单源最短路径问题的行列之中。

---

① 就本节的目标而言，是否知道堆的实现方式以及它在底层是什么样子的并不重要。我们只需要成为堆的“忠实客户”，享受它的对数级时间操作就可以了。关于堆的其他操作以及实现细节，可以参阅卷 2 第 4 章。

② 对于本系列图书卷 2 的读者而言，本书所有思路都与 Dijkstra 的最短路径算法基于堆的实现（卷 2 第 4.4 节）相似。

③ 在“输入图是连通图”这个假设中，m 至少是 $n-1$，因此我们可以把运行时间边界从 $O((m+n)\log n)$ 简化为 $O(m\log n)$。

零代价的基本算法

我们可以把具有线性或近似线性运行时间的算法看作本质上“零代价的基本算法”，因为它们所使用的计算量比读取输入多不了多少。当我们的问题存在一个相关联的具有令人惊叹的高速的基本算法时，为什么不使用它呢？例如，我们总是可以在一个预处理步骤中计算一个无向图的最小生成树，即使我们并不知道它以后是否有用。本系列图书的目的之一就是让我们的算法工具箱内包含尽可能多的零代价的基本算法，在需要的时候可以随时使用。

在 Prim 算法基于堆的实现中，堆中的对象对应于尚未处理的顶点（Prim 算法伪码中的 $V-X$）。[①,②]顶点 $w \in V-X$ 的键被定义为一条跨越边界的关联边的最小成本（见图 3.14）。

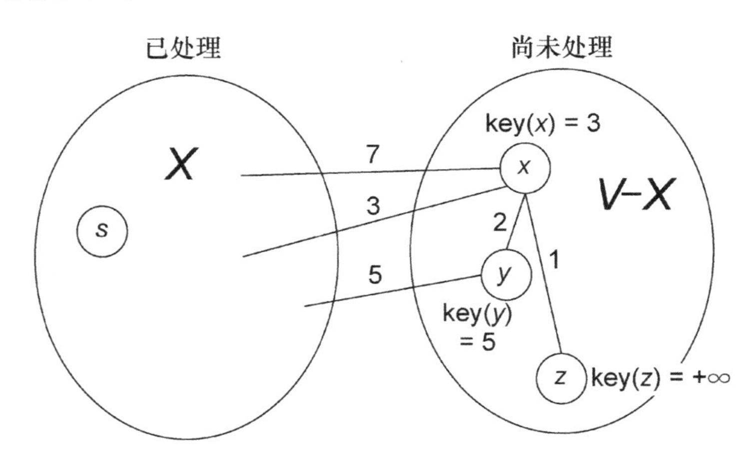

图 3.14 顶点 $w \in V-X$ 的键被定义为边(v,w)的最小成本，其中 $v \in X$。如果不存在这样的边，键为$+\infty$

不变性指顶点 $w \in V-X$ 的键是边(v,w)（$v \in X$）的最小成本。如果不存在这样的边，其键为$+\infty$。

① “输入图中的顶点”和“堆中的对应对象”这两个名称可以互换使用。

② 我们的第一个想法可能是把输入图的边存储在一个堆中，并把简单实现中（针对边）的最小值计算替换为 ExtractMin。这个思路也是可行的，但是把顶点存储在堆中是一种更精简、更快速的实现。

为了对这些键进行解析，可以想象通过两个回合的淘汰赛来确定具有最小成本的边（v, w），其中 $v \in X$ 且 $w \notin X$。第一回合是在每个顶点 $w \in V-X$ 所举行的本地锦标赛，比赛的参与者是所有的边(v, w)（$v \in X$）。第一回合的胜者就是成本最低的参赛者（如果不存在这样的边，就是$+\infty$）。第一回合的胜者（每个顶点 $w \in V-X$ 最多只有一个胜者）继续参加第二回合的比赛，最终的冠军就是第一回合胜者中成本最小的那条边。因此，顶点 $w \in V-X$ 的键就是在 w 所举办的本地锦标赛胜者的成本。选出具有最小键的顶点并参加第二回合的比赛，比赛的胜者就是被添加到当前生成树的下一条边。只要我们努力维护不变性，使对象的键保持更新，就可以只用一个堆操作来实现 Prim 算法的每次迭代。

3.3.4 基于堆的实现的伪码

伪码的实现看上去像下面这样。

Prim 算法（基于堆的实现）

输入： 采用邻接列表形式的无向连通图 $G=(V,E)$，每条边 $e \in E$ 的成本为 c_e。

输出： G 的一棵最小生成树的边集。

```
// 初始化
1 X := {s}, T = φ, H := 空堆
2 for 每个 v ≠ s do
3     if 边(s,v) ∈ E then
4         key(v) := c_sv , winner(v) := (s,v)
5   else // v不存在跨越边界的关联边
6         key(v) := +∞, winner(v) := NULL
7    Insert v into H
// 主循环
8 while H非空 do
9   w * := ExtractMin(H)
10  add w * to X
11  add winner(w * ) to T
    // 更新键以维护不变性
12  for 边(w * ,y),其中 y ∈ V - X do
13      if c_w*y < key(y) then
14              从 H 删除 y
```

```
15                  key(y) := c_{w*y} , winner(y) := (w* ,y)
16                  Insert y into H
17   return T
```

每个尚未处理的顶点 w 在它的 winner 和 key 字段中记录它的本地锦标赛的胜者的身份和成本。这个胜者就是其中一个端点为 w 的所有跨越边界的边（符合 $v \in X$ 的边(v,w)）中具有最小成本的那条边。第 2～7 行对除 s 之外的所有顶点的键进行了初始化，以维护不变性并把这些顶点插入堆中。第 9～11 行实现了 Prim 算法的主循环的一次迭代。这个不变性保证了被提取顶点的局部锦标赛的胜者就是所有跨越边中具有最小成本的边，也是被正确添加到当前最小生成树的下一条边。下面这个小测验说明提取是如何更改边界的，还需要对 $V-X$ 中仍然存在的顶点的键进行更新，以维护不变性。

小测验 3.3

在图 3.14 中，假设顶点 x 被选取并转移到集合 X 中。y 和 z 的新键分别应该是什么？

（a）1 和 2

（b）2 和 1

（c）5 和$+\infty$

（d）$+\infty$和$+\infty$

（关于正确答案和详细解释，参见第 3.3.6 节。）

伪码的第 12～16 行进行一些维护工作，对 $V-X$ 中剩余的顶点的键进行必要的更新。当 w^*从 $V-X$ 转移到 X 时，(w^*,y)形式的边（满足 $y \in V-X$）首次成为跨越边界的边。这些边也是在 $V-X$ 的顶点所举办的本地锦标赛的参赛者。我们忽略了(u, w^*)形式的边（其中 $u \in X$）“深陷”于 X 中不再跨越边界这个事实，因为我们并不负责维护 X 中顶点的键。对于顶点 $y \in V-X$，它的本地锦标赛的新胜者要么是旧的胜者（存储在 winner(y)中），要么是新的参赛者(w^*,y)。第 12 行对新的参赛者进行迭代。[①]第 13 行检查边(w^*,y)是否为 y 的本地锦标赛的新胜者。如果是，

① 这是主要步骤，输入图采用邻接列表形式极为方便，(w^*, y)形式的边可以直接通过 w^*的关联边数组进行访问。

第 14～16 行就更新 y 的 key 和 winner 字段并对堆 H 进行相应的更新。[①]

3.3.5 运行时间分析

初始化阶段（第 1～7 行）执行 $n-1$ 个堆操作（除 s 之外的每个顶点执行一个 Insert 操作）和 $O(m)$的额外工作，其中 n 和 m 分别表示顶点和边的数量。while 主循环（第 8～16 行）共有 $n-1$ 次迭代，因此第 9～11 行在总运行时间上新增了 $O(n)$的堆迭代操作和 $O(n)$的额外工作。确定第 12～16 行所消耗的总时间稍有难度，解决问题的关键在于发现 G 的每条边只在第 12 行被检查一次，就在它的第一个端点进入 X 的那次迭代中（扮演了 w^*的角色）。在检查一条边时，这个算法执行两个堆操作（第 14 行和第 16 行）和 $O(1)$的额外工作，因此第 12～16 行对总的运行时间的增量是 $O(m)$的堆操作加上 $O(m)$的额外工作。合计之后是：

$$O(m+n)\text{的堆操作} + O(m+n)\text{的额外工作}$$

堆所存储的对象绝不会超过 $n-1$ 个，因此每个堆操作的运行时间是 $O(\log n)$（定理 3.2）。总的运行时间是：

$$O((m+n)\log n)$$

这也是定理 3.3 所承诺的。**证毕**。

3.3.6 小测验 3.3 的答案

正确答案：(b)。顶点 x 从 $V-X$ 转移到 X 之后，如图 3.15 所示。

(v, x)形式的边（$v \in X$）整体进入 X 中，不再跨越边界（例如成本为 3 和 7 的边）。x 的其他关联边(x, y)和(x, z)有一部分从 $V-X$ 中被“拉”出来，因此现在成了跨越边界的边。对于 y 和 z，这两条新的关联边比所有的旧边都具有更低的成本。为了维护不变性，它们的键必须相应地更新：y 的键从 5 更新为 2，z 的键从$+\infty$更新为 1。

---

① 有些堆实现提供了 DecreaseKey 操作，在这种情况下第 14～16 行可以用一个堆操作而不是两个来实现。

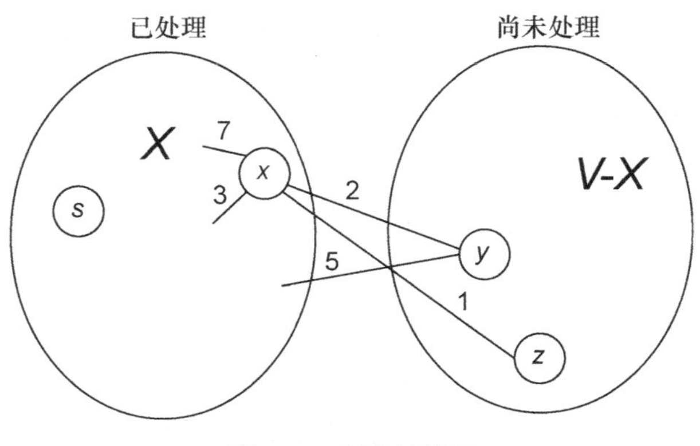

图 3.15 顶点转移后

*3.4 Prim 算法：正确性证明

当所有边的成本各不相同时，证明 Prim 算法（定理 3.1）的正确性较为容易一些。为了方便读者理解，我们在本节中加上这个前提。在此基础上只要再付出一点努力，就可以证明定理 3.1 的普遍性（参见问题 3.5）。

这个证明可以分解为两个步骤。第一个步骤确认一个属性，称为“最小瓶颈属性”（Minimum Bottleneck Property，MBP），它是 Prim 算法的输出所拥有的一个属性。第二个步骤说明在一个具有不同边成本的图中，满足这个属性的生成树肯定是最小生成树。[①]

3.4.1 最小瓶颈属性

我们可以把 Prim 算法与 Dijkstra 的最短路径算法进行类比，从而可以更好地理解它的最小瓶颈属性。Prim 算法和 Dijkstra 算法仅有的一个区别是它们在每次迭代时选择一条跨越边界的边的标准不同。Dijkstra 算法从可供选择的边中贪婪地选择从起始顶点 s 开始的具有最短长度（边的长度之和）的那条边。因此它计算 s 到其他每个顶点的最短路径（前提是边的长度为非负值）。Prim 算法总是

① 一种可能更为抽象的证明 Prim 算法（和 Kruskal 算法）的流行方法是使用 MST 的“切割（cut）属性”。详见问题 3.7。

在可供选择的边中选择具有最小单独成本的边，这样可以有效地实现每条路径的边成本之和的最小化。[①]

最小瓶颈属性使这个思路变得可行。假设图中的边具有实数值的成本，路径 P 的瓶颈就被定义为它的其中一条边的最大成本 $\max_{e\in P} c_e$。

对于边成本均为实数值的图 $G=(V,E)$，边$(v,w)\in E$ 如果是在一条最小瓶颈的 v-w 路径中，它就满足 MBP。

换句话说，边(v, w)当且仅当“不存在完全由成本低于 c_{vw} 的边所组成的 v-w 路径”时才满足 MBP。

我们所使用的示例树如图 3.16 所示。

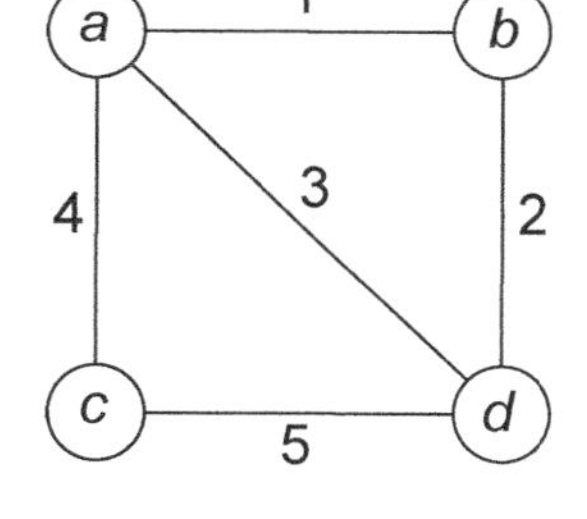

图 3.16 示例树

在我们所使用的示例树中，边(a, d)并不满足 MBP（路径 a-b-d 中的每条边都比(a, d)的成本更低），边(c, d)也不满足（路径 c-a-d 中的每条边都比(c, d)的成本更低）。其他 3 条边都满足 MBP，读者可以自行验证。[②]

下面这个辅助结论把 Prim 算法的输出与 MBP 进行关联，从而实现了我们的证明的第一步。

辅助结论 3.1（Prim 算法实现了 MBP）对于边成本均为实数值的连通图 $G=(V, E)$，Prim 算法所选择的每条边都满足 MBP。

证明：考虑在 Prim 算法的一次迭代中被选中的一条边(v^*, w^*)，其中 $v^*\in X$，$w^*\in V-X$。根据贪心算法的规则，对于每条边$(x, y)\in E$ 且 $x\in X$，$y\in V-X$，满足：

$$c_{v^*w^*}\leqslant c_{xy} \tag{3.1}$$

① 这个现象与本系列图书卷 2 的读者可能会受到的“为什么 Dijkstra 算法只有在边的长度为非负值时才正确”的困扰具有神秘的联系，为什么 Prim 算法对于任意长度（正或负）的边成本都是正确的呢？Dijkstra 算法的正确性证明的一个关键组成部分是“路径单调性”，意味着在一条路径的末端加上一条边只会使情况变得更糟。把一个值为负的边添加到一条路径中会使总体长度变短，因此对于路径单调性来说非负的边长度是很有必要的。至于 Prim 算法，相关的衡量指标就是路径中每条边的最大成本，这个指标不可能因为路径中添加了一条边（不管是正的还是负的成本）而减少。

② 我们将会看到，这个例子中满足 MBP 的边正好就是最小生成树的边，这绝非巧合。

为了证明(v^*, w^*)满足 MBP，可以考虑一条任意的v^*- w^*路径 P。由于 $v^* \in X$，$w^* \in V-X$，因此路径 P 通过某条边从 X 跨越到 $V-X$，假设是通过边（x, y）（满足 $x \in X$，$y \in V-X$，如图 3.17 所示）。P 的瓶颈至少是 c_{xy}，根据式（3.1），它至少是 $c_{v^*w^*}$。由于 P 是任意的，因此边(v^*, w^*)是 v^*-w^*路径的最小瓶颈。**证毕**。

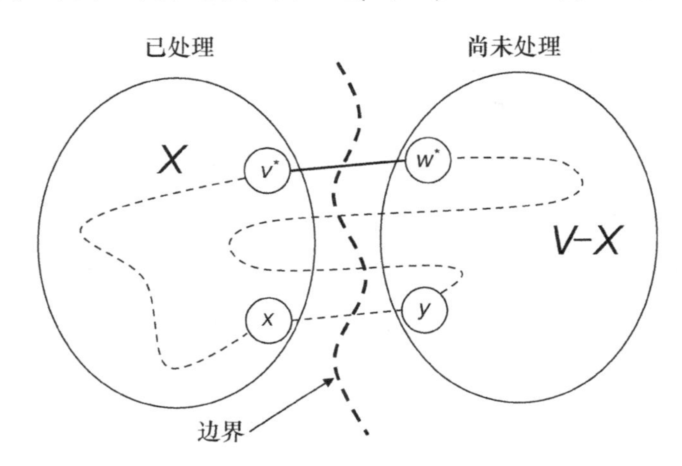

图 3.17 每条 v^*-w^*路径至少跨越从 X 到 $V-X$ 的边界一次，图中的虚线表示一条这样的路径

我们的目标是解决最小生成树问题，而不是实现最小瓶颈属性。但是，我绝不会浪费大家的时间。在边成本均不相同的图中，证明了后者自然就暗示了前者的正确性。①

定理 3.4（MBP 意味着 MST） 设 $G=(V,E)$是一个各边的成本均为各不相同的实数值的图，并且 T 是 G 的一棵生成树。如果 T 的每条边都满足最小瓶颈属性，T 就是一棵最小生成树。

坏消息是定理 3.4 的证明需要几个步骤。好消息是我们可以重复利用这些步骤的结论，证明另一种重要的 MST 算法——Kruskal 算法（第 3.5 节的定理 3.5）的正确性。②

---

① 定理 3.4 的逆定理也是正确的，即使在边成本并不能保证各不相同的情况下，MST 中的每条边也都满足 MBP（问题 3.4）。

② 定理 3.4 对于可能具有相同边成本的图并不成立（我们可以举出一个反例，考虑一个三角形，其中一条边的成本是 1，另两条边的成本均为 2）。但是，Prim 算法和 Kruskal 算法对于任意的实数值边成本都是正确的（参见问题 3.5）。

3.4.2 生成树的一些有趣结论

为了给定理 3.4 的证明进行“热身”，我们先证明一些与无向图和它们的生成树有关的简单而实用的结论。首先，我们介绍一些术语。图 $G=(V,E)$（并不一定是连通图）可以很自然地称为“连通分量”的片段。按照更加正式的说法，连通分量是一个最大的顶点子集 $S\subseteq V$，满足 G 中存在一条路径，可以从 S 的任何顶点到达 S 的其他任何顶点。例如，图 3.18（a）中的图的连通分量包括{1,3,5,7,9}、{2,4}和{6,8,10}。当且仅当一个图只有一个连通分量时，它的每一对顶点之间都存在一条路径。[①]

（a）3个分量　　（b）分量的融合　　（c）环路的创建

图 3.18　在（a）中，一个顶点集为{1,2,3,⋯,10}并具有 3 个连通分量的图。在（b）中，添加了边(4,8)把两个组成部分融二为一。在（c）中，添加边(7,9)创建了一个新的环路

现在，我们可以想象从一个空图（有顶点，但没有边）开始，并一条一条地在其中添加边。添加一条新边后会产生什么变化呢？一种是新边会把两个连通分量融合为一个（见图 3.18（b））。我们称之为 F 类型的边添加（“F”表示融合）。另一种是新边会闭合一条之前已存在的路径，导致一个环路（见图 3.18（c））。我们称之为 C 类型的边添加（“C”表示环路）。我们的第一个辅助结论是每条边 (v, w)的添加要么是 C 类型，要么是 F 类型（不会两者皆是），具体取决于图中是否已经存在一条 v-w 路径。如果读者觉得这毫无疑问是正确的，可以跳过它的证明，继续往下看。

辅助结论 3.2（环路创建或连通分量融合）设图 $G=(V,E)$是无向图，$v, w\in V$ 是两个不同的顶点，且$(v,w)\notin E$。

（a）C 类型：如果 v 和 w 位于 G 的同一个连通分量中，在 G 中添加边(v, w)至少将创建一个新的环路，并不会改变连通分量的数量。

① 关于连通分量的更多说明，包括以线性时间计算连通分量的算法，可以参阅卷 2 的第 2 章。

（b）F类型：如果 v 和 w 位于 G 的不同连通分量中，在 G 中添加边 (v, w) 并不会创建环路，而会把连通分量的数量减少1。

证明：对于结论（a），如果 v 和 w 是在 G 的同一个连通分量中，G 中必定存在一条 v-w 路径 P。在添加这条边之后，$P \cup \{(v,w)\}$ 就形成了一个新的环路。连通分量仍然与原先相同，新边 (v, w) 被“淹没”在已经包含它的两个端点的连通分量中。

对于结论（b），假设 S_1 和 S_2 分别表示 G 中包含 v 和 w 的不同连通分量。首先，在添加这条边之后，连通分量 S_1 和 S_2 融合为一个连通分量 $S_1 \cup S_2$，使连通分量的数量减少1（对于顶点 $x \in S_1$ 和 $y \in S_2$，我们可以通过一条 G 中的 x-v 路径、边 (v, w) 和 G 中的 w-y 路径来生成一条 x-y 路径）。其次，我们采用反证法，假设添加这条边创建了一个新的环路 C。这个环路必然包含这条新边 (v, w)。但是，这时 $C - \{(v,w)\}$ 将是 G 中的一条 v-w 路径，这就与 v 和 w 分属不同连通分量这个前提相悖。**证毕**。

根据辅助结论3.2，我们可以快速推断出与生成树有关的一些有趣推论。

推论 3.1（生成树正好具有 $n-1$ 条边）n 个顶点的图的每棵生成树正好具有 $n-1$ 条边。

证明：假设 T 是具有 n 个顶点的图 $G=(V, E)$ 的一棵生成树。从包含顶点集 V 的空树开始逐条添加 T 中的边。由于 T 中没有环路，因此每条边的添加都是F类型的，连通分量的数量会减少1（辅助结论3.2），如图3.19所示。

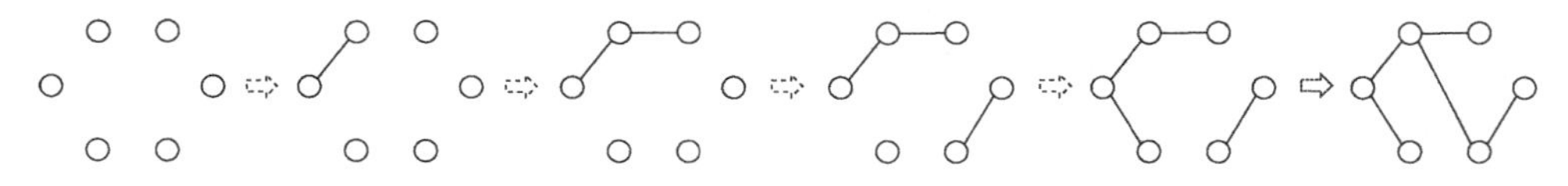

图3.19 添加F类型的边

这个过程刚开始时具有 n 个连通分量（每个顶点在它自己的连通分量中），在结束时只剩下1个连通分量（因为 T 是棵生成树），因此它所添加的边的数量肯定是 $n-1$。**证毕**。

一个子图在两种情况下无法成为生成树：包含环路或无法连通。根据推论3.1，具有 $n-1$ 条边的生成树候选子图在符合上述的一种情况时，肯定也符合另一种情况。

推论 3.2（综合连通性和环路性）假设有一个图 $G=(V,E)$，$T\subseteq E$ 是一个包含 $n-1$ 条边的子集，其中 $n=|V|$。图(V, T)当且仅当没有包含环路时才是连通的。

证明：回顾推论 3.1 中添加边的过程。如果这个过程中所添加的 $n-1$ 条边都是 F 类型的，则辅助结论 3.2（b）说明这个过程结束时产生了一个不存在环路的单连通分量（生成树）。

否则，如果其中存在一个 C 类型的边添加，则根据辅助结论 3.2（a），它就产生了一个环路，同时无法把连通分量的数量减少 1，如图 3.20 所示。

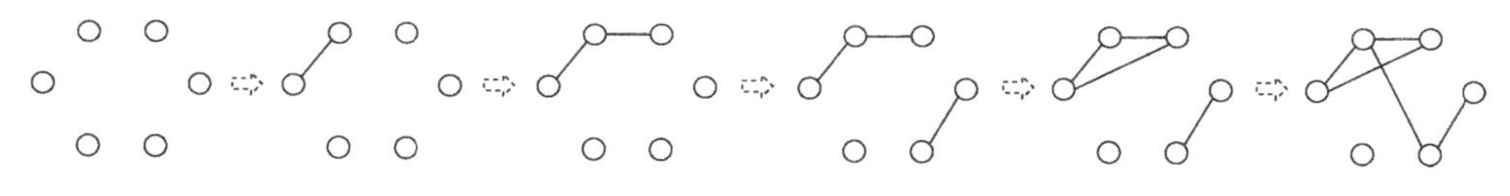

图 3.20 添加 C 类型的边

在这种情况下，这个过程一开始具有 n 个连通分量，而这 $n-1$ 次的边添加最多把连通分量的数量减少 $n-2$ 个，使最终的图(V, T)至少具有两个连通分量。因此我们可以得出结论，(V, T)既不是连通图也不是无环图。**证毕**。

我们可以采用相似的方式论证 Prim 算法的输出是棵生成树（我们还不能断定它是棵最小生成树）。

推论 3.3（Prim 算法输出一棵生成树）对于每个输入连通图，Prim 算法输出一棵生成树。

证明：在这个算法过程中，X 的顶点形成图(V, T)的一个连通分量，$V-X$ 中的每个顶点被隔绝在它自己的连通分量中。在 $n-1$ 次的边添加过程中，每一次都牵涉到 $V-X$ 中的一个顶点 w^*，因此它是 F 类型的添加，最终的结果是一棵生成树。**证毕**。

3.4.3 定理 3.4（MBP 意味着 MST）的证明

定理 3.4 的证明建立在边的成本均不相同这个前提条件之下。

定理 3.4 的证明：我们继续采用反证法。设 T 是一棵生成树，它的每条边都满足 MBP。然后我们假设有一棵最小生成树 T^*具有严格最小的边成本之和。根据定理 1.1 的证明所激发的灵感，我们的计划是把一条边替换为另一条边，产生一棵总成本甚至比 T^*更低的生成树 T'，从而与 T^*是最优解决方案的假设相悖。

树 T 和 T^*必然不同，它们都有 $n-1$ 条边，其中 $n=|V|$（根据推论 3.1）。因此，T 至少包含一条并不在 T^*中的边 $e_1=(v, w)$。把 e_1 添加到 T^*中就创建了一条包含 e_1 的环路 C，见辅助结论 3.2（a），如图 3.21 所示。

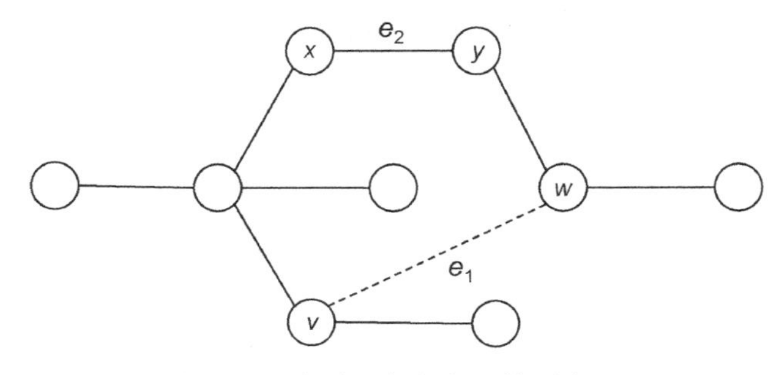

图 3.21　创建一条包含 e_1 的环路 C

作为 T 的一条边，e_1 满足 MBP，因此在 v-w 路径 $C-\{e_1\}$中至少有一条边 $e_2=(x, y)$的成本至少为 c_{vw}。根据边的成本均不相同这个前提，e_2 的成本肯定严格更大：$c_{xy}>c_{vw}$。

现在，通过从 $T^*\cup\{e_1\}$删除边 e_2 以生成 T'，如图 3.22 所示。

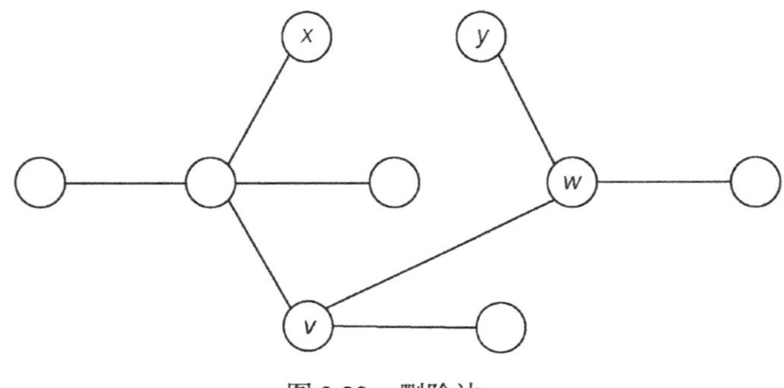

图 3.22　删除边 e_2

由于 T^*具有 $n-1$ 条边，因此 T'也是如此。由于 T^*是连通图，因此 T'也是连通图。从环路删除一条边就撤消了一次 C 类型的边添加，根据辅助结论 3.2（a），它对连通分量的数量并没有影响。然后，推论 3.2 意味着 T'也是无环图，因此也是一棵生成树。由于 e_2 的成本大于 e_1 的成本，因此 T'的总成本低于 T^*。这就与 T^*是最优方案的前提相悖，从而完成了这个证明。**证毕**。

3.4.4 综合运用

现在我们已经完成了所有的准备工作，可以直接推断出 Prim 算法对于具有不同边成本的图是正确的。

定理 3.1 的证明： 推论 3.3 证明了 Prim 算法的输出是一棵生成树。辅助结论 3.1 说明了这棵生成树的每条边都满足 MBP。定理 3.4 保证了这棵生成树是最小生成树。**证毕**。

3.5 Kruskal 算法

本节描述最小生成树问题的第二种算法，也就是 Kruskal 算法。[①]有了 Prim 算法的速度"耀眼"的基于堆的实现之后，为什么我们还需要关注另一种最小生成树算法呢？

为什么要讨论 Kruskal 算法？有 3 个原因。首先，它是一种声名卓著的算法，因此每位经验丰富的程序员和计算机科学家都应该对它有所了解。如果实现方式正确，它在理论上和实践上都可以与 Prim 算法匹敌。其次，它提供了一个机会去研究一种新的实用数据结构，即分离集合（disjoint-set）或合并查找（union-find）数据结构。最后，Kruskal 算法和广泛使用的集群算法之间存在一些非常"酷"的联系（参见第 3.8 节）。

3.5.1 例子

和 Prim 算法一样，在讨论伪码之前观察 Kruskal 算法的一个例子是极有帮

① 这个算法是 20 世纪 50 年代中期由 Joseph B. Kruskal 所发现的，与 Prim 和 Dijkstra 发现的 Prim 算法大致在同一个时期。

助的。输入图如图3.23所示。

和Prim算法相似，Kruskal算法也是采用贪心算法以一次添加一条边的形式构建生成树。但Kruskal算法并不是从一个起始顶点开始生长为一棵完整的生成树，而是并行地生长多棵树，不断对它们进行填充，并在算法的最后把它们合并为一棵生长树。因此，Prim 算法的主要约束是在跨越当前边界的边中选择成本最低的一条，而Kruskal算法可以自由地在整个图所剩余的边中选择成本最低的那条。好吧，这个说法有点绝对了，环路是不行的。因此更确切的说法是在不构成环路的边中选择成本最低的一条。

在我们的例子中，Kruskal算法从一个空的边集合 T 开始。在第一次迭代中，它贪婪地考虑成本最低的边（成本为1的边）并把它添加到 T 中。第二次迭代则选择成本次低的边（成本为2的边）。此时的解决方案 T 如图3.24所示。

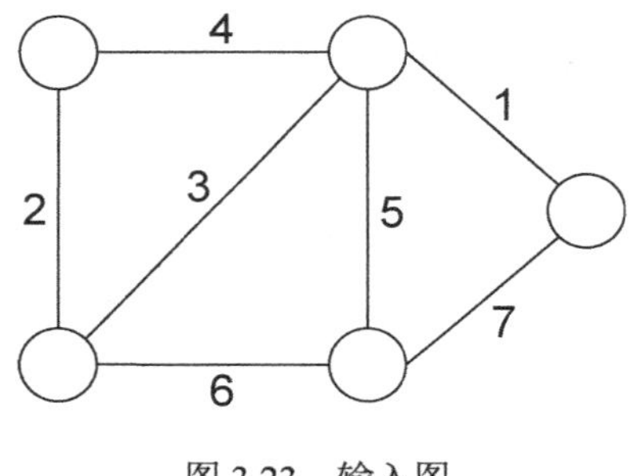

图3.23 输入图

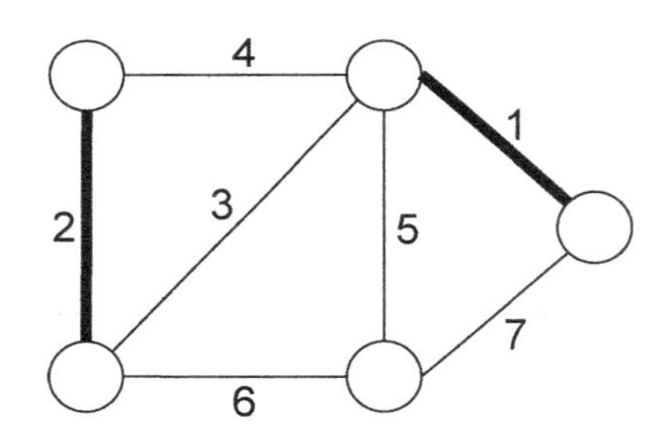

图3.24 解决方案 T

目前所选择的两条边是分离的，因此这个算法相当于并行地生成了两棵树。下一次迭代考虑成本为3的那条边。添加这条边之后并没有创建环路，而是恰好把当前这两棵树融二为一，如图3.25所示。

算法接下来考虑成本为4的那条边。把这条边添加到 T 中会产生一个环路（与成本为2和3的边一起），因此算法就强制跳过这条边。下一个最好的选择是成本为5的那条边，添加这条边并不会产生环路，而是原先的那棵生成树继续生长，如图3.26所示。

算法将跳过成本为6的边（它与成本为3和5的边形成三角形）和最后那条成本为7的边（它与成本为1和5的边形成三角形）。上面的最终输出就是原始图的最小生成树（读者可以自行验证）。

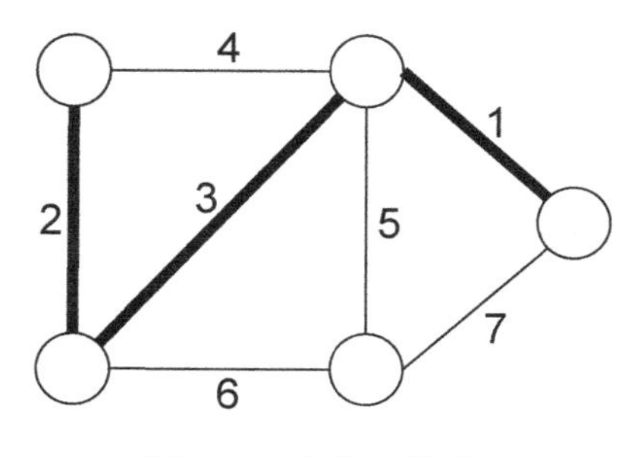

图 3.25 连接两棵树

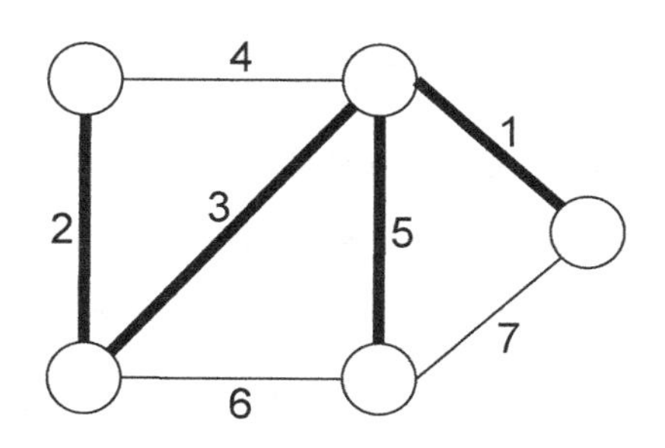

图 3.26 添加成本为 5 的边

3.5.2 Kruskal 算法的伪码

对 Kruskal 算法有了一定的理解之后，我们就不会对下面的伪码感到吃惊了。

Kruskal 算法

输入：采用邻接列表形式的无向连通图 $G=(V,E)$，每条边 $e \in E$ 都有一个成本值 c_e。

输出： G 的一棵最小生成树的边集。

```
// 预处理
T := φ
对 E 的边按成本排序 // 例如，使用 MergeSort
// 主循环
for each e ∈ E, 按成本的非递减顺序排列 do
    if T ∪ {e} 无环 then
        T := T ∪ {e}
return T
```

Kruskal 算法逐条考虑输入图中的边，从成本最低的边开始到成本最高的边。因此在一个预处理步骤中将它们按照成本的非降序进行排列是合理的做法（可以使用自己最喜欢的排序算法）。如果两条边具有相同的成本，则可以任意选择一条放在前面。主循环按照这个排序对边进行快速扫描，只要这条边不构成环路就把它添加到目前的解决方案中。[①]

看上去 Kruskal 算法不太像能够返回一棵生成树，更何况是最小生成树。但

① 一种很容易实现的优化：一旦 $|V|-1$ 条边已经被添加到 T 中，算法就可以早早结束，因为此时 T 已经是一棵生成树（根据推论 3.2）。

是，它确实能够做到！

定理 3.5（Kruskal 算法的正确性）　对于每个连通图 $G=(V,E)$并且每条边具有实值数的成本，Kruskal 算法返回 G 的一棵最小生成树。

在 Prim 算法的正确性（定理 3.1）证明中，我们完成了大多数的基础工作。第 3.7 节将提供定理 3.5 的证明的剩余细节。

3.5.3　Kruskal 算法的简单实现

我们应该如何实现 Kruskal 算法呢，尤其是如何在每次迭代时进行环路检查呢？

小测验 3.4

当 Kruskal 的最小生成树算法的简单实现作用于邻接列表形式的图时，下面哪种运行时间最为符合呢？和往常一样，n 和 m 分别表示输入图中顶点和边的数量。

（a）$O(m \log n)$

（b）$O(n^2)$

（c）$O(mn)$

（d）$O(m^2)$

（正确答案和详细解释如下所示。）

正确答案：（c）。在预处理步骤中，这个算法对输入图的边数组（有 m 个元素）进行排序。对于像 MergeSort 这样的优秀排序算法，这个步骤对总体运行时间的增量是 $O(m \log n)$。[①]这个工作量相比稍后讨论的算法主循环是可以忽略的。

主循环共进行 m 次迭代。每次迭代负责检查当前边 $e = (v,w)$在添加到目前的

① 为什么是 $O(m\log n)$而不是 $O(m\log m)$？因为这两个表达式并没有区别。在一个有 n 个顶点而没有平行边的连通图中，边的数量至少是 $n-1$（由树实现），最多是 $\binom{n}{2}=\frac{n(n-1)}{2}$（由完全图实现）。因此，对于每个没有平行边的连通图，$\log m$ 位于 $\log(n-1)$和 $2\log n$ 之间，在大 O 表示法中 $\log m$ 和 $\log n$ 完全可以互换使用。

解决方案 T 时是否构成环路。根据辅助结论 3.2，当且仅当 T 已经包含一条 v-w 路径时，把 e 添加到 T 中才会构成环路。后面这个条件可以使用任何合理的图搜索算法（例如从 v 开始的宽度优先或深度优先的搜索，参见卷 2 第 2 章）在线性时间内完成。所谓“线性时间”，是指与图(V, T)的大小成正比，而该图作为一个包含 n 个顶点的无环图，最多具有 $n-1$ 条边。因此，每次迭代的运行时间是 $O(n)$，而总体运行时间就是 $O(mn)$。

命题 3.2（Kruskal 算法的简单实现的运行时间）对于图 $G=(V,E)$并且每条边具有实数值的成本，Kruskal 算法的简单实现的运行时间是 $O(mn)$，其中 $m=|E|$，$n=|V|$。

*3.6 通过合并查找对 Kruskal 算法进行加速

与 Prim 算法相似，我们可以使用一种数据结构，把 Kruskal 算法的运行时间从还不错的多项式上界 $O(mn)$（命题 3.2）缩减为速度“耀眼”的近似线性上界 $m \log n$。完成这项任务所需要的数据结构在本系列图书中迄今为止还没有讨论过。我们需要一种新的数据结构，称之为合并查找数据结构。①

定理 3.6（基于合并查找的 Kruskal 算法的运行时间） 对于图 $G=(V,E)$且每条边具有实数值的成本，Kruskal 算法基于合并查找的实现的运行时间为 $O((m+n)\log n)$。其中，$m=|E|$，$n=|V|$。②

3.6.1 合并查找数据结构

当一个程序反复地执行一项重要的计算时，我们显然非常渴望能够有一种数据结构提高这项计算的速度。Prim 算法在它的主循环的每次迭代中执行最小值计算，因此堆这种数据结构就是为它量身定做的。Kruskal 算法的每次迭代执行一次环路检查或路径检查（当且仅当目前的解决方案 T 已经包含一条 v-w 路径时

---

① 又称分离集合数据结构。

② 同样，以输入图为连通图这个前提，我们可以把 $O((m+n)\log n)$简化为 $O(m\log n)$。

在 T 中添加边 (v, w) 才会构成环路）。

哪种数据结构能够让我们快速确认目前的生成树中是否包含一对特定顶点之间的路径呢？

合并查找数据结构的立身之本是它维护了对象的一个静态集合的分区。[1]在初始的分区中，每个对象位于它自己的集合中。这些集合会随着时间的推移而归并，但绝不会再分裂，如图 3.27 所示。

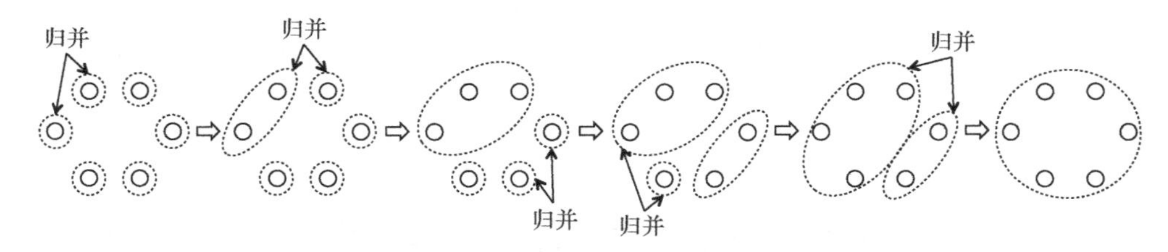

图 3.27 集合归并

在加速 Kruskal 算法这个应用中，这些对象对应于输入图的顶点，划分的这些子集对应于目前的解决方案 T 中的连通分量，如图 3.28 所示。

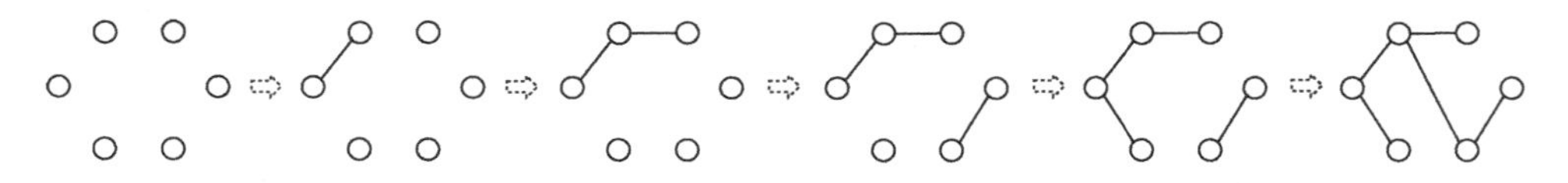

图 3.28 解决方案 T 中的连通分量

因此，检查 T 中是否包含了一条 v-w 路径可以简化为检查 v 和 w 是否属于分区中的同一个子集（是否属于同一个连通分量）。

合并查找数据结构支持用于对它的分区进行访问和修改的操作。顾名思义，就是它的合并和查找操作。

合并查找数据结构支持的操作如下。

（1）Initialize（初始化）：根据一个特定的对象数组 X，创建一个合并查找数据结构，每个对象 $x \in X$ 位于它自己的集合中。

---

① 对象集合 X 的分区就是把它划分为一个或多个组。按照更加正式的说法，集合 X 由子集 $S_1,S_2,\cdots,S_p$ 组成，每个对象 $x \in X$ 正好只属于其中的一个子集。

（2）Find（查找）：根据一个特定的合并查找数据结构和它里面的一个对象 x，返回包含 x 的那个集合的名称。

（3）Union（合并）：根据一个特定的合并查找数据结构和它里面的两个对象 $x,y \in X$，把包含 x 和 y 的那两个集合合并为一个集合。[①]

如果实现良好，合并和查找操作都能实现对数级的运行时间。[②]

定理 3.7（合并查找操作的运行时间） 在一个包含 n 个对象的合并查找数据结构中，初始化、查找和合并操作的运行时间分别是 $O(n)$、$O(\log n)$和 $O(\log n)$。

总结一下，我们可以给出如表 3.1 所示的合并查找数据结构支持的操作以及它们的运行时间，其中 n 表示对象的数量。

表 3.1 合并查找数据结构支持的操作以及它们的运行时间

操作	运行时间
初始化	$O(n)$
查找	$O(\log n)$
合并	$O(\log n)$

我们首先介绍如何根据一种特定的具有对数级运行时间的合并查找数据结构实现 Kruskal 算法，然后设计这种数据结构的一个实现。

3.6.2 基于合并查找的实现的伪码

提升 Kruskal 算法速度的主要思路是使用一个合并查找数据结构记录目前的生成树中的连通分量。在算法之初，每个顶点位于它自己的连通分量中，因此一个合并查找数据结构一开始时每个对象都在一个不同的集合中。当一条新边(v, w)

① 如果 x 和 y 已经位于分区的同一个集合中，这个操作就没有效果。

② 这些运行时间边界适用于第 3.6.4 节。另外还有更好的实现，但它对于当前的应用而言有点“牛刀杀鸡”了。读者可以观看 algorithmsilluminated 网站的附赠视频，深入观察最前沿的合并查找数据结构。（视频中的亮点包括“按序合并”“路径压缩”“反转的阿克曼（Ackermann）函数”，这些内容极为精彩！）

被添加到目前的解决方案时，v 和 w 的连通分量就融二为一，因此一个合并操作就足以对合并查找数据结构进行相应的更新。检查添加一条边(v, w)是否会形成环路相当于检查 v 和 w 是否已经在同一个连通分量中。这个过程可以简化为两个查找操作。

Kruskal 算法（基于合并查找的实现）

输入：采用邻接列表形式的无向连通图 $G=(V,E)$，每条边 $e\in E$ 都有一个成本值 c_e。

输出：G 的一棵最小生成树的边集。

```
// 初始化
T := ϕ
U := INITIALIZE(V ) // 合并查找数据结构
对 E 的边按成本排序 // 例如使用 MergeSort
// 主循环
for each (v,w) ∈ E, 按成本的非递减排序 do
    if Find(U,v) ≠Find(U,w) then
        // T 中不存在 v-w 路径，因此可以添加(v,w)
        T := T ∪ {(v,w)}
        // 由于连通分量的融合而更新
        Union(U,v,w)
return T
```

这个算法所维护的不变性是：在一次循环迭代的初始，合并查找数据结构中的集合 U 对应于(V, T)中的连通分量。因此，当且仅当 v 和 w 位于(V, T)的不同连通分量时（或者说，当且仅当向 T 添加(v, w)不会构成环路时），$Find(U, v) \neq Find(U, w)$这个条件才是成立的。我们可以得出结论，Kruskal 算法基于合并查找的实现与原先的实现是完全一致的，两者所产生的输出是完全相同的。

3.6.3 基于合并查找的实现的运行时间分析

Kruskal 算法基于合并查找的实现的运行时间分析非常简单。合并查找数据结构的初始化需要 $O(n)$的时间。和最初的简单实现一样，排序步骤需要 $O(m \log n)$的时间（参见小测验 3.4）。主循环中有 m 次迭代，每次使用两个查找操作（总数是 $2m$）。把每条边添加到输出时还有一次合并操作。作为无向图，最多有 $n-1$

条边（推论 3.1）。只要查找和合并操作的运行时间能够如定理 3.7 所保证的那样达到 $O(\log n)$，则总的运行时间就是：

	预处理	$O(n) + O(m \log n)$
	$2m$ 个查找操作	$O(m \log n)$
	$n-1$ 个合并操作	$O(n \log n)$
+	剩余的辅助工作	$O(m)$
	总的运行时间	$O((m+n)\log n)$

这与定理 3.1 所承诺的运行时间上界正好相符。**证毕。**

3.6.4 合并查找的快速有余而严谨不足的实现：父图

合并查找数据结构是以数组的形式实现的，可以形象地看成有向树的集合。这个数组为每个对象 $x \in X$ 都留有一个位置。每个数组元素都有一个 parent 字段，以存储某个对象 $y \in X$（允许 $y = x$）的数组索引。我们可以把这个数据结构的当前状态看成一个有向图即父图，其中的顶点对应于对象 x 的索引（$x \in X$）。另外还有一条有向边 (x, y)，称为父边，满足 $\text{parent}(x) = y$。[①]例如，如果 X 具有 6 个对象，这个数据结构的当前状态如图 3.29 所示。

父图就是一对分离树，每棵树的根节点都指向自身，如图 3.30 所示。

对象x的索引	parent(x)
1	4
2	1
3	1
4	4
5	6
6	6

图 3.29 数据结构的当前状态

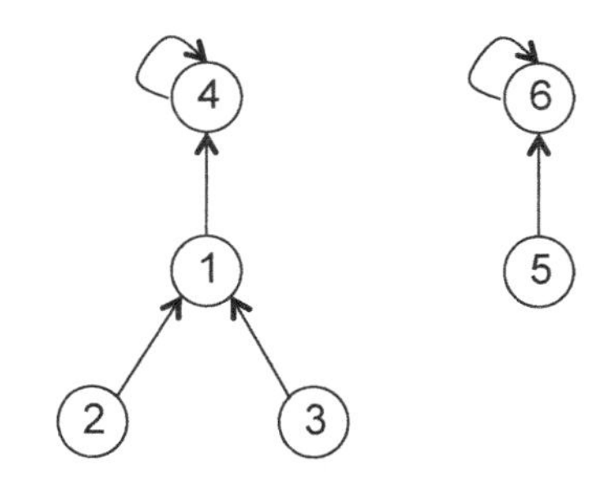

图 3.30 分离树

一般而言，这个数据结构所维护的分区中的集合对应于父图中的树，每个集

① 父图只存在于我们的思路中。不要把它与 Kruskal 算法中实际的（无向）输入图混淆。

合都继承了它的根对象的名称。这些树并不一定是二叉树，因为同一个父对象可以拥有的对象数量并没有限制。在上面这个例子中，前4个对象属于一个称为“4”的集合，而后两个对象属于一个称为“6”的集合。

1. 初始化和查找

“父图”这个名称的含义很显然提示了初始化和查找操作应该怎样实现。

初始化

对于每个 $i=1,2,\cdots,n$，把 parent(i)初始化为 i。

很显然，初始化操作的运行时间是 $O(n)$。最初的父图由自身循环的孤立顶点所组成，如图3.31所示。

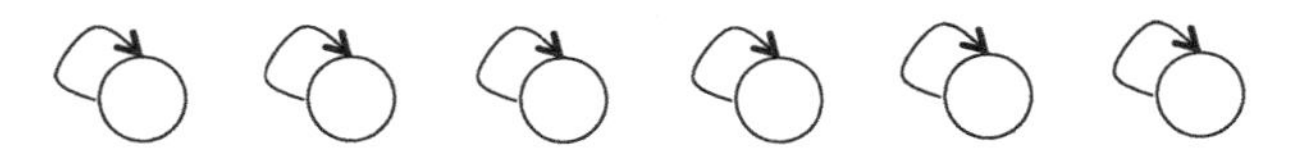

图3.31 自身循环的孤立顶点

对于查找操作，我们从父对象跳转到父对象，直到到达根对象，后者可以通过它的自身循环来确认。

查找

（1）从数组中 x 的位置开始，反复遍历父边，直到到达位置 j，满足 parent(j) = j。

（2）返回 j。

如果在上面这个例子中对第3个对象调用了查找操作，它检查位置3（parent(3) = 1），然后访问位置1（parent(1) = 4），最后返回位置4（它是根对象，因为parent(4) = 4）。

对象 x 的深度被定义为从 x 开始的查找操作所执行的父边遍历数量。在图3.30所示的例子中，节点4和节点6的深度为0，节点1和节点5的深度为1，节点2和节点3的深度为2。查找操作在遍历每条父边时执行 $O(1)$的工作量，因此它的最坏运行时间与任何对象的最大深度成正比，也就是父图中其中一棵树的最大高度。

小测验 3.5

查找操作作为对象数量 n 的一个函数，它的运行时间是什么？

（a）$O(1)$

（b）$O(\log n)$

（c）$O(n)$

（d）信息不足，无法回答

（关于正确答案和详细解释，参见第 3.6.5 节。）

2. 合并

对对象 x 和 y 调用合并操作时，父图中它们所在的两棵树 T_1 和 T_2 必须合并为一棵树。最简单的解决方案是把一棵树的根节点降一级，而另一棵树的根节点升一级。例如，我们可以选择把 T_1 的根节点降级，它就作为一个对象的子节点被安置到另一棵树 T_2 中，意味着它的 parent 字段由自身数组索引重新赋值为 T_2 中一个对象的索引。T_2 被升级的根节点继续作为合并后的树的根节点。按照这种方法，将两棵树融二为一的方式有几种，如图 3.32 所示。

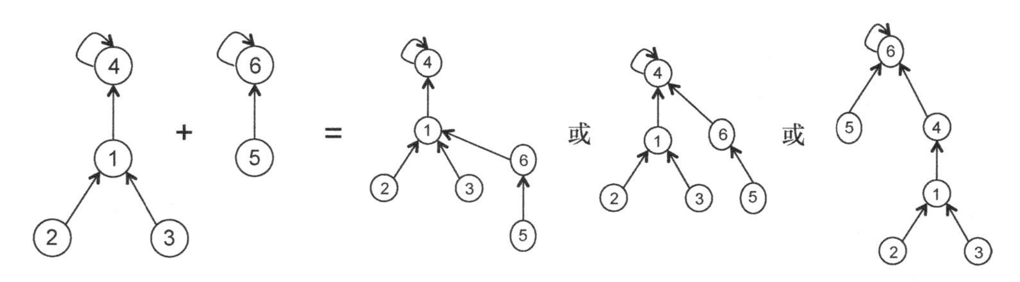

图 3.32　将两棵树融二为一的方式

为了完成这个实现，我们必须做出两个决定。

（1）哪个根节点将被升级？

（2）被降级的根节点被安置在哪个对象下面？

假定我们把 T_1 的根节点安置在 T_2 的对象 z 下面，会对查找操作的运行时间产生什么影响呢？对于 T_2 中的对象，没有影响：查找操作和原来一样对相同的父边集合进行遍历。对于以前位于 T_1 的对象 x，查找操作和原来一样遍历相同的路径（从 x 到 T_1 的旧根节点 r），再加上从 r 到 z 的新父边，再加上从 z 到 T_2 的根节点的父边，如图 3.33 所示。

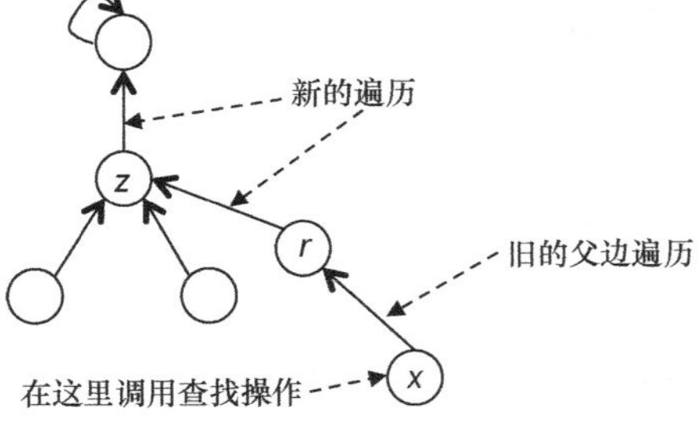

图 3.33 查找操作

也就是说，T_1 中的每个对象的深度增加了 1（表示新的父边），再加上 z 的深度。

于是，第二个决定的答案就很明显了：把降级的根节点直接安置在升级后的根节点（深度为 0）下，使 T_1 中的所有对象的深度只增加 1。

小测验 3.6

假设我们任意选择一个根节点将其升级。查找操作的运行时间作为对象数量 n 的一个函数，应该是什么样的呢？

（a）$O(1)$

（b）$O(\log n)$

（c）$O(n)$

（d）信息不足，无法回答

（正确答案和详细解释参见第 3.6.5 节。）

小测验 3.6 的答案表明，为了实现理想的对数级运行时间，我们需要另一种思路。如果我们把 T_1 的根节点降级，则 T_1 中对象距离新的根节点就远了一层。如果把 T_2 的根节点降级，则 T_2 中的对象也会“遭受同样的命运”。为了尽量减少增加了深度的对象数量，我们应该把那棵较小的树的根节点降级（如果两者相当则任意选择一棵）。[①]为了实现这个目的，我们需要很方便地知道两棵树的对象数量。因此，除了 parent 字段之外，这个数据结构还在每个数组元素中存储了一

① 这种实现选择有个名称，叫按照大小而合并。另一个很好的思路是根据级别合并，也就是对高度较低的那棵树的根节点进行降级（如果两者相等则任意选择一个）。algorithmsilluminated 网站的附赠视频详细讨论了“按照级别合并”。

个 size 字段，并初始化为 1。

当两棵树被合并时，升级后的根节点的 size 字段也相应地进行更新，变成两棵树的大小之和。[①]

合并

（1）两次调用查找操作，分别在包含 x 和 y 的父图树中找到根节点的位置 i 和 j。如果 $i=j$ 就返回。

（2）如果 $\text{size}(i) \geqslant \text{size}(j)$，设置 $\text{parent}(j) := i$ 和 $\text{size}(i) := \text{size}(i) + \text{size}(j)$。

（3）如果 $\text{size}(i) < \text{size}(j)$，设置 $\text{parent}(i) := j$ 和 $\text{size}(j) := \text{size}(i) + \text{size}(j)$。

在这个例子中，合并操作的实现将根节点 4 升级，将根节点 6 降级，得到图 3.34 所示的结果。

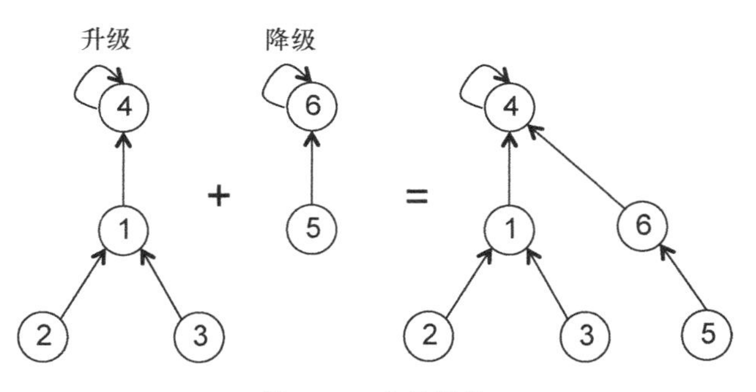

图 3.34 合并操作

合并操作执行两个查找操作和 $O(1)$的额外工作，因此它的运行时间与查找操作是相当的。具体是多少呢？

小测验 3.7

根据上面的合并实现，查找操作（合并操作与之相同）的运行时间作为对象数量 n 的函数是多少呢？

（a）$O(1)$

① 在一个根节点被降级为一个非根节点之后，就不需要准确地维护它的 size 字段。

（b）$O(\log n)$

（c）$O(n)$

（d）信息不足，无法回答

（关于正确答案和详细解释，参见第3.6.5节。）

根据小测验3.7的答案，我们可以得出结论，合并查找数据结构的这种“快速有余而严谨不足”的实现满足定理3.7和表3.1所承诺的运行时间。

3.6.5 小测验3.5～3.7的答案

小测验3.5的答案

正确答案：（c）或（d）。查找操作的最坏情况下的运行时间与父图中一棵树的最大高度成正比。它可以达到多少呢？答案取决于合并操作的实现方式（见图3.35）。在这个意义上，答案（d）是正确的。如果实现方式不佳，可能导致树的高度高达$n-1$。

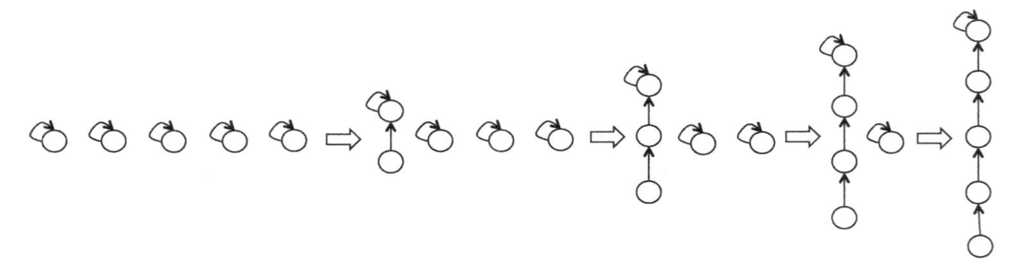

图3.35 合并操作的实现方式

在这个意义上，答案（c）也是正确的。

小测验3.6的答案

正确答案：（c）。如果采用任意的升级和降级决策，$n-1$个合并操作序列可以生成小测验3.5的答案所说的那种高度为$n-1$的树，此时每个操作把目前为止的树安置在一个与之前隔绝的对象下面。

小测验3.7的答案

正确答案：（b）。每个对象x一开始的深度为0。只有一种类型的事件可以

导致 x 的深度增加，也就是在一个合并操作中，父图中 x 所在树的根节点被降级。按照我们的升级标准，只有当 x 所在的树与另一棵至少不小于它的树合并的时候才会发生这样的事情。换句话说：当 x 的深度增加时，x 所在树的对象数量至少翻倍。

由于树中对象的数量不可能超过总的对象数量 n，因此 x 的深度的增加次数不可能超过 $\log_2 n$ 次。由于查找操作的运行时间与对象的深度与正比，因此它的最坏情况下的运行时间是 $O(\log n)$。

*3.7 Kruskal 算法的正确性证明

本节提供边的成本均不相同时 Kruskal 算法的正确性（定理 3.5）证明。只要稍加努力，定理 3.5 可以实现完全的普适性（参见问题 3.5）。

首要的任务是说明这个算法的输出是连通的（并且是清晰的无环生成树）。为了证明这一点，下一个辅助结论显示当 Kruskal 算法处理一条边(v, w)时，当前解决方案（因此也包括最后的输出）必然包含一条 v-w 路径。

辅助结论 3.3（连接相邻顶点）设 T 是 Kruskal 算法到目前为止所选择的边集，包括对边 $e = (v,w)$进行检查的这次迭代，则 v 和 w 位于图(V, T)的同一个连通分量中。

证明：按照辅助结论 3.2，把 e 添加到当前解决方案是 C 类型或 F 类型的边添加。在前者，v 和 w 在检查 e 之前已经属于同一个连通分量。在后者，这个算法把边 e=(v, w)添加到当前的解决方案中，根据辅助结论 3.7（b），这并不会构成环路，直接把 v 和 w 相连，并把它们的连通分量融二为一。**证毕**。

下面这个推论对辅助结论 3.3 进行了扩展，将其从单条边扩展到多跳路径。

推论 3.4（从边到路径）设 P 是 G 中的一条 v-w 路径，T 是 Kruskal 算法到目前为止所选择的边集，其中包括了最近一次对 P 的边进行检查的迭代。如此，则 v 和 w 位于图(V, T)的同一个连通分量中。

证明：由(x_0, x_1), (x_1, x_2) ,⋯ ,(x_{p-1}, x_p)表示 P 的边，其中 x_0 是 v，x_p 是 w。

根据辅助结论 3.3，在这次迭代之后立即处理的是边(x_{i-1}, x_i)，x_{i-1}和x_i位于当前的解决方案中的同一个连通分量中。随着后续的迭代中越来越多的边被添加进来，这个结论一直保持正确。在 P 中的所有边都被处理之后，它的所有顶点（具体地说，就是它的端点 v 和 w）属于当前解决方案(V, T)中的同一个连通分量。**证毕**。

下一个步骤是论证 Kruskal 算法输出一棵生成树。

辅助结论 3.4（Kruskal 算法输出一棵生成树）对于每个连通的输入图，Kruskal 算法输出一棵生成树。

证明：Kruskal 算法明确保证了它的最终输出 T 是无环的。为了证明它的输出还是连通的，我们可以论证它的所有顶点属于(V, T)的同一个连通分量。

确定一对顶点 v 和 w，由于输入图是连通的，因此它包含了一条 v-w 路径 P。根据推论 3.4，当 Kruskal 算法处理完 P 的每条边之后，它的端点 v 和 w 就属于当前解决方案中的同一个连通分量（因此也属于最终输出(V, T)中的同一个连通分量）。**证毕**。

为了应用定理 3.6，我们必须证明 Kruskal 算法所选择的每条边都满足最小瓶颈属性（MBP）。[①]

辅助结论 3.5（Kruskal 算法实现了 MBP）对于每个连通图 $G=(V,E)$并且每条边具有实数值的成本，Kruskal 算法所选择的每条边都满足 MBP。

证明：我们可以采用逆否命题来证明，也就是证明 Kruskal 算法的输出绝不会包含一条不满足 MBP 的边。设 $e = (v,w)$是一条这样的边，P 是 G 中的一条 v-w 路径，满足每条边的成本都小于 c_e。由于 Kruskal 算法按照成本的非降序对边进行扫描，因此这个算法在 e 之前处理 P 的每条边。

现在，推论 3.4 提示了当 Kruskal 算法处理边 e 的时候，它的端点 v 和 w 已经属于当前解决方案 T 中的同一个连通分量。根据辅助结论 3.2（a），把 e 添加到 T 将形成一个环路，因此 Kruskal 算法的输出中不会包含这条边。**证毕**。

---

① 在 3.4 节中，我们知道图 G 的一条边 $e=(v, w)$当且仅当 G 中的每条 v-w 路径都具有一条边的成本至少为 c_e 时才满足 MBP。

综合上述结论，我们能够证明定理 3.5 在边的成本均不相同的情况下是成立的。

定理 3.5 的证明：辅助结论 3.4 证明了 Kruskal 算法的输出是棵生成树。辅助结论 3.5 说明这棵生成树的每条边都满足 MBP。定理 3.4 保证了这棵生成树是最小生成树。**证毕。**

3.8 应用：单链集群

无监督学习是机器学习和统计学的一个分支，它致力于通过寻找隐藏的模式来对数据点的大型集合进行理解。每个数据点可以表示一个人、一幅图像、一个文档、一个基因序列等。例如，一个对应于一幅 100 像素× 100 像素的彩色图像的数据点可能对应于一个大小为 30 000 的向量，每个像素有 3 个坐标记录该像素的红、绿、蓝颜色的强度。[①]本节重点讨论无监督学习最基本的算法之一与 Kruskal 的最小生成树算法之间的联系。

3.8.1 集群

无监督学习的一种广泛使用的方法是集群，它的目标是把数据点划分为“相似点”的“连贯组”（称为集群）（见图 3.36）。更精确的描述是，假设我们有一个相似函数 f 把一个非负的实数值赋值给每一对数据点。我们假设 f 是对称的，意味着对于每一对数据点 x,y，满足 $f(x, y) = f(y, x)$。然后我们可以把具有较小的 $f(x, y)$值的点 x, y 解释为“相似”，把具有较大值的点 x, y 解释为“不相似”。[②]例如，如果数据点像上面的图像例子一样是具有常见维度的向量，$f(x, y)$就可以

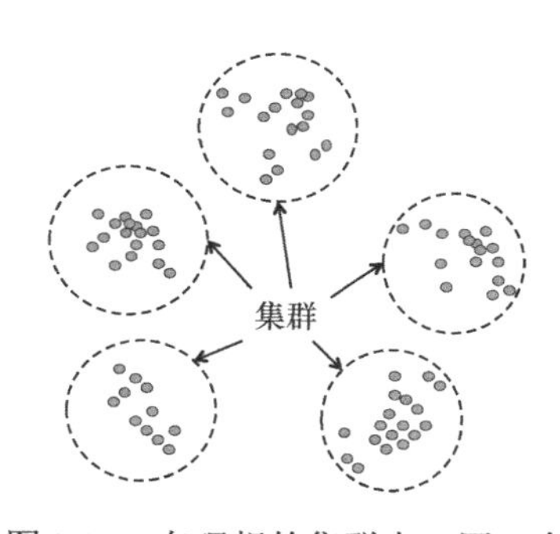

图 3.36 在理想的集群中，同一个集群中的数据点相对较为相似，而不同集群中的数据点相对较不相似

① 无监管学习更注重预测而不是寻找模式本身。在本节中，每个数据点也是一个标签（例如，如果图像是一只猫，标签就是 1，否则就是 0），其目的是准确地预测目前未知的数据点的标签。

② 按照这些含义，f 更准确的名称应该是不相似函数。

定义为 x 和 y 之间的欧几里得距离（直线距离）。[①]另举一个例子，第 5.1 节定义了 Needleman-Wunsch 距离，这是一种用于基因序列的对称性相似函数。在一个理想的集群中，同一个集群中的数据点相对来说较为相似，而不同集群中的数据点相对来说不太相似。

设 k 表示集群的目标数量。k 的合理值范围从 2 到一个很大的数，这取决于具体的应用。例如，如果目标是把与驾驶位有关的推特博文划分为“左”和“右”这两个组，则选择 $k = 2$ 是合理的。如果目标是根据图像的主题把各种各样的图像进行集群，就应该使用较大的 k 值。如果不确定 k 的最佳值，可以尝试几种不同的选择，并根据划分结果选择自己最喜欢的。

3.8.2　自底向上的集群

自底向上或聚集式集群的主要思路是一开始每个数据点以其自身为一个集群，然后连续地合并一对对的集群，直到正好还有 k 个集群被保留。

自底向上的集群（基本算法）

输入：数据点的一个集合 X，一个对称性相似函数 f 和一个正整数 $k \in \{1, 2, 3, \cdots, |X|\}$。

输出：把 X 划分为 k 个非空的集合。

```
C := ϕ // 记录当前的集群
for each x ∈ X do
add {x} to C // 每个数据点为一个集群
      // 主循环
while C k个以上的集群 do
      从移除 S1、S2 // 细节有待添加
      add S1 ∪ S2 to C // 合并集群
return C
```

主循环的每次迭代把 C 的集群数量减少 1，因此总共有 $|X| - k$ 次迭代（见

① 如果 $\mathbf{x}$ 和 $\mathbf{y}$ 是 d 维的向量，准确公式是 $f(\mathbf{x}, \mathbf{y}) = \sqrt{\sum_{i=1}^{d}(x_i - y_i)^2}$ 。

图 3.37）。[1]

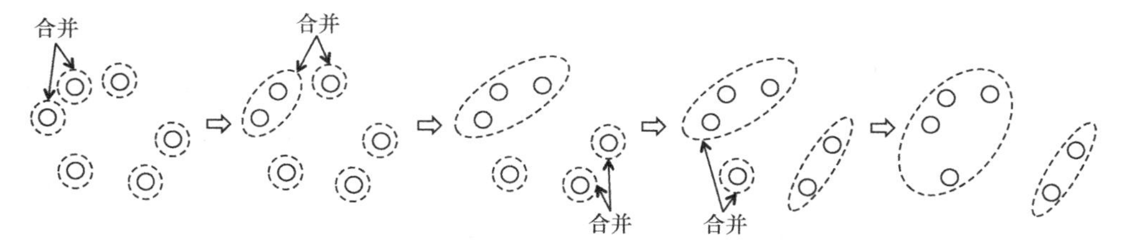

图 3.37 在自底向上的集群中，每个数据点以自身为一个集群，然后每对集群合二为一，直到最终剩下 k 个集群

基本型的自底向上算法并没有指定在哪次迭代时合并哪对集群。我们能够使用贪婪算法吗？如果能，贪婪的标准又是什么？

下一个步骤是从作用于成对数据点的特定函数f中引申出一个用于成对集群的相似函数 F。例如，F 的最简单选择之一就是不同集群的数据点之间的最好情况相似性：

$$F(S_1,S_2)=\min_{x\in S_1,x\in S_2} f(x,y) \tag{3.2}$$

F 的其他合理选择包括不同集群的数据点之间的最坏情况相似性和平均相似性。不管是哪种情况，一旦选择了函数 F，基本型的自底向上集群算法就可以特化为在每次迭代时贪婪地合并“最相似的”集群对。

自底向上的集群（贪心算法）

```
// 主循环
while C包含 k 个以上的集群 do
      从 C 中去掉最小的簇 S1、S2
      F(S1 ,S2 ) //  例如，采用公式（3.2）中的 F
      add S1 ∪ S2 to C
return C
```

单链集群表示采用最好情况的相似性函数即式（3.2）的贪婪型自底向上集

① 自底向上的集群只是集群的几种常用方法之一。例如，自顶向下的算法开始时将所有的数据点都划为一个集群，然后不断地把集群一分为二，直到正好出现 k 个集群。其他像 k 均值集群这样的算法从一开始到结束都保持 k 个集群。

群。能不能发现单链集群和 Kruskal 的最小生成树算法（第 3.5 节）之间的联系？读者可以花点时间认真思考。

Kruskal 算法从空的边集开始，每个顶点被隔绝在它自己的连通分量中，就像单链集群开始时每个数据点都在自己的集群中一样。Kruskal 算法的每次迭代添加一条新边，把两个连通分量融二为一，就像单链集群的每次迭代把两个集群合并为一个集群一样。Kruskal 算法反复地添加不会构成环路的成本最低的边，融合包含其端点的连通分量，就像单链集群反复地把包含最相似的一对数据点的不同集群进行合并一样。因此，Kruskal 算法对应于单链集群，其中顶点对应于数据点，连通分量对应于集群。有一个区别是单链集群在正好剩下 k 个集群时停止，而 Kruskal 算法直到剩下一个连通分量时才停止。我们可以得出结论，单链集群就像较早停止的 Kruskal 算法一样。

通过 Kruskal 算法实现单链集群

（1）根据数据集 X 和相似函数 f 定义一个完全无向图 $G=(X, E)$，顶点集为 X。对于每个顶点对 $x, y \in X$，边$(x, y)\in E$ 具有成本 $c_{xy}=f(x, y)$。

（2）对输入图 G 运行 Kruskal 算法，直到当前解决方案包含了$|X|-k$ 条边或者说图 (X, T)具有 k 个连通分量。

（3）计算(X, T)的连通分量，并返回 X 的对应划分。

3.9 本章要点

- 生成树就是一个图的一个无环子图，其中包含了每一对顶点之间的一条路径。
- 在最小生成树（MST）问题中，输入是一个边成本为实数值的无向连通图，其目标是计算一棵具有最小边成本之和的生成树。
- Prim 算法在创建 MST 时一次添加一条边，它从一个任意的顶点开始，就像一个模型一样成长，直到生成整个顶点集。在每次迭代中，它贪婪地选择成本最低的边，对当前的解决方案进行扩展。

- 当 Prim 算法采用堆数据结构实现的时候，它的运行时间是 $O(m \log n)$，其中 m 和 n 分别表示输入图中边和顶点的数量。
- Kruskal 算法在创建 MST 时也是一次添加一条边，它贪婪地选择在当前的解决方案中不会构成环路的成本最低的边。
- 当 Kruskal 算法使用合并查找数据结构实现时，它的运行时间是 $O(m \log n)$。
- 在 Prim 算法和 Kruskal 算法的证明中，第一个步骤是显示每个算法只选择满足 MBP 的边。
- 第二个步骤是使用交换参数法证明每条边都满足 MBP 的生成树必定是 MST。
- 单链集群是无监督学习中一种贪婪的自底向上的集群方法，它对应于在早期就停止的 Kruskal 算法。

3.10 章末习题

问题 3.1（H） 考虑一个无向图 $G=(V,E)$，每条边 $e \in E$ 都具有一个不同的非负成本。设 T 是一棵 MST，P 是从某个顶点 s 到某个其他顶点 t 的一条最短路径。现在假设 G 中每条边 e 的成本都增加了 1，成为 c_e+1，并把这个新图称为 G'。关于 G'，下面哪种说法是正确的？

（a）T 肯定是 MST，P 肯定是最短的 s-t 路径

（b）T 肯定是 MST，但 P 不一定是最短的 s-t 路径

（c）T 不一定是 MST，但 P 肯定是最短的 s-t 路径

（d）T 不一定是 MST，P 也不一定是最短的 s-t 路径

问题 3.2（H） 考虑下面的算法，它试图采用“反向的”Kruskal 算法计算一个边成本均不相同的无向连通图 $G=(V,E)$的 MST。

Kruskal 算法（反向版本）

```
T := E
sort edges of E in decreasing order of cost
for each e ∈E, in order do
     if T - {e} is connected then
          T := T - {e}
return T
```

下面哪种说法是正确的？

（a）这个算法的输出绝不会存在环路，但它有可能不是连通的

（b）这个算法的输出总是连通的，但它可能存在环路

（c）这个算法的输出总是棵生成树，但它可能不是 MST

（d）这个算法总是输出一棵 MST

问题 3.3（H） 下面哪个问题以一种简单明了的方式简化了最小生成树问题（选择所有合适的答案）？

（a）最大成本生成树问题。也就是说，在一个存在边成本的连通图的所有生成树 T 中，计算具有最大边成本之和 $\sum_{e\in T} c_e$ 的那棵

（b）最小成本积生成树问题。在一个存在边成本的连通图的所有生成树 T 中，计算具有最小边成本之积 $\sum_{e\in T} c_e$ 的那棵

（c）单源最短路径问题。在这个问题中，输入包括一个无向连通图 $G=(V, E)$、每条边 $e\in E$ 的非负长度 ℓ_e 和一个指定的起始顶点 $s\in V$。所要求的输出是：对于每个可能的目标 $v\in V$，计算从 s 到 v 的一条路径的最小总长度

（d）对于一个具有正的边成本的无向连通图 $G=(V, E)$，计算边的一个最低成本集合 $F\subseteq E$，满足图 $G=(V, E-F)$是无环图

关于简化

如果一种能够解决问题 B 的算法可以方便地经过转换解决问题 A，那么问题 A 就可以简化为问题 B。例如，计算数组的中位元素的问题可

以简化为对数组进行排序的问题。简化是算法及其限制的研究中非常重要的概念之一，具有极强的实用性。

我们总是应该寻求问题的简化。当我们遇到一个似乎是新的问题时，总是要问自己：这个问题是不是一个我们已经知道怎样解决的问题的伪装版本呢？或者，我们是不是可以把这个问题的通用版本简化为一种特殊情况呢？

挑战题

问题 3.4（S） 证明定理 3.4 的逆定理：如果 T 是一个具有实数值边成本的图的一棵 MST，则 T 的每条边都满足 MBP。

问题 3.5（S） 证明 Prim 算法和 Kruskal 算法在普遍情况下的正确性（定理 3.1 和 3.5），也就是边的成本不需要均不相同。

问题 3.6（H） 证明在一个具有边成本均不相同的无向连通图中存在一棵唯一的 MST。

问题 3.7（S） 证明 Prim 算法和 Kruskal 算法的正确性的另一种方法是使用 MST 的切割属性。假设在这个问题中，边的成本均不相同。

无向图 $G=(V,E)$的切割就是把它的顶点集 V 划分为两个非空的集合 A 和 B，如图 3.38 所示。

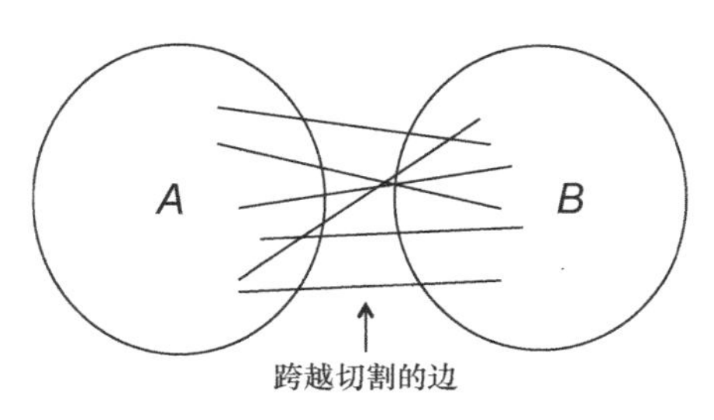

图 3.38 无向图的切割

对于 G 中的一条边，如果其一个端点在 A，另一个端点在 B，它就是一条跨越切割(A, B)的边。

切割属性

设 $G=(V,E)$是一个边成本为均不相同的实数值的无向连通图。如果一条边 $e \in E$ 是成本最低的跨越切割(A, B)的边，则 e 就属于 G 的每个 MST。[①]

换句话说，验证一个算法的解决方案中是否包含了边 e 的一种方法是生成 G 的一个切割，观察 e 是否为成本最低的跨越切割的边。[②]

（1）证明切割属性。

（2）使用切割属性证明 Prim 算法是正确的。

（3）使用切割属性证明 Kruskal 算法是正确的。

问题 3.8（H） 考虑一个边成本为均不相同的实数值的无向连通图。最小瓶颈生成树（Minimum Bottleneck Spanning Tree，MBST）是一棵具有最小瓶颈的生成树 T（具有最小的最大边成本 $\max_{e \in T} c_e$）。

（1）提供一种线性时间的算法，计算一棵 MBST 的瓶颈。

（2）这是不是意味着存在一种线性时间的算法可以计算一棵 MST 的总成本？

编程题

问题 3.9 用自己最喜欢的编程语言实现 Prim 算法和 Kruskal 算法。作为附加题，实现 Prim 算法基于堆的版本（第 3.3 节）和 Kruskal 算法基于合并查找的版本（第 3.6 节）。其中一个算法是否很可靠地比另一个算法更快呢？

---

① 解答了问题 3.6 的读者可能想把这个结论精练为“……则 e 属于 G 的 MST”。

② 另外还有一个环路属性，如果边 e 是某个环路 C 中成本最高的那条边，则每棵 MST 都不可能包含 e。我们可以验证环路属性相当于问题 3.4 所证明的定理 3.6 的相反情况。

第4章 动态规划概述

算法设计中不存在“万能钥匙”，到目前为止我们所学习的两种算法设计范例（分治算法和贪婪算法）并不能涵盖我们将会遇到的所有计算问题。本书的后半部分将讨论第3种算法设计范例：动态规划。动态规划是一种需要掌握的技巧，因为它常常能够在其他算法力不能及的情况下产生高效的解决方案。

根据我的经验，大多数人一开始会觉得动态规划非常困难且违反直觉。和其他算法设计范例相比，动态规划需要更多的实践才能熟练掌握。但是，动态规划又是相对较为形式化的，在这方面它肯定胜过贪心算法。通常只要通过足够的实践，我们就能够精通动态规划。本章以及接下来的两章通过5～6个详细的案例为读者提供这样的实践，其中包括几种比较适合编译的算法。我们将学习这些著名的算法是如何工作的。更进一步的是，我们将在自己的编程工具箱中添加一种基本的、灵活的算法设计技巧，它可以解决我们的项目中所出现的问题。通过这些案例，读者应该能够理解动态规划的强大功能和灵活特性，它也是我们必须掌握的一种技巧。

激励语

读者首次接触动态规划的时候，感到困惑是在所难免的。这种困惑不应该让我们垂头丧气。这并不代表我们的水平有限，而是给我们机会让我们变得更好。

4.1 加权独立集合问题

我不想告诉读者动态规划的确切定义，而是从头开始为一个棘手的具体计算问题设计一个算法，迫使读者在这个过程中开发一些新的思路。在解决这个问题之后，我们将仔细观察并确认解决方案中的各个组成部分，阐明动态规划的基本原则。然后，在掌握用于开发动态规划算法的一个模板并理解一个实例之后，我们将处理难度越来越大的应用。

4.1.1 问题定义

为了描述问题，设 $G=(V,E)$是一个无向图。G 的独立集合是指顶点互不相邻的子集 $S\subseteq V$：对于每对 $v, w\in S$，$(v, w)\notin E$。换种说法，独立集合不会同时包含 G 的任何边的两个端点。例如，如果顶点表示人，一条边两端的人表示互不喜欢，则独立集合表示能够相处融洽。或者，如果顶点表示我们考虑要上的课，边的两端表示时间冲突的课，则独立集合表示可调度的课时安排（假设无法同时参加两堂课）。

小测验 4.1

5 个顶点的完全图（见图 4.1）具有几个不同的独立集合呢？

包含 5 个顶点的环形图（见图 4.2）呢？

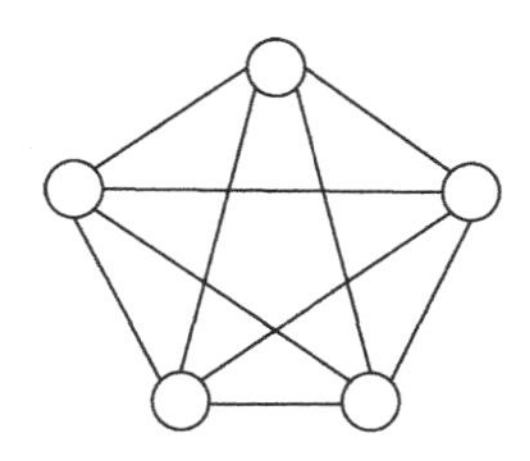

图 4.1 5 个顶点的完全图

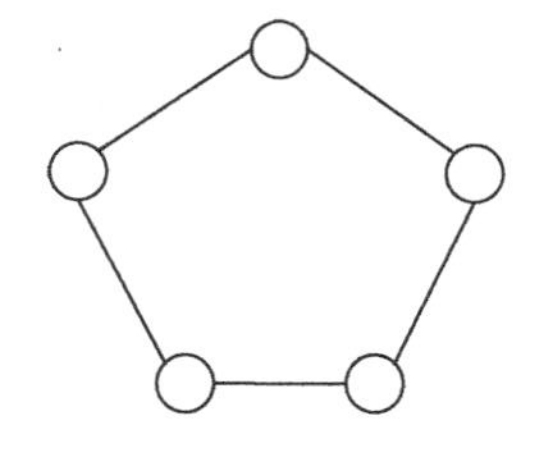

图 4.2 包含 5 个顶点的环形图

（a）分别为 1 和 2

（b）分别为 5 和 10

（c）分别为 6 和 11

（d）分别为 6 和 16

（关于正确答案和详细解释，参见第 4.1.4 节。）

现在，我们就可以描述加权独立集合（Weight Independent Set，WIS）问题。

问题：加权独立集合

输入： 无向图 $G=(V,E)$，每个顶点 $v\in V$ 具有一个非负的权重 w_v。

输出： G 的一个独立集合 $S\subseteq V$，它具有最大的顶点权重之和 $\sum_{v\in S} w_v$。

WIS 问题的最优解决方案称为最大权重独立集合（Maximum-Weight Independent Set，MWIS）。例如，如果顶点表示课程，顶点的权重表示单位，边表示课程之间的冲突，MWIS 就对应于具有最大负载的可行课程调度（按单位计算）。

即使在超级简单的路径图中，WIS 问题也是很有难度的。例如，图 4.3 所示为这个问题的一种输入图（顶点的标签是它们的权重）。

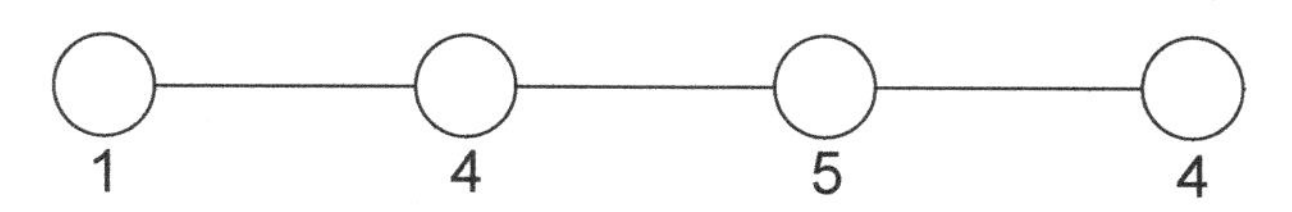

图 4.3 路径图示例

这个图具有 8 个独立子集：空集、4 个单顶点集合、第 1 个和第 3 个顶点的集合、第 1 个和第 4 个顶点的集合以及第 2 个和第 4 个顶点的集合。最后那个子集具有最大权重之和 8。路径图的独立子集的数量随着顶点数量的增加呈指数级增长。（能理解为什么吗？）因此，通过穷举搜索来解决这个问题是不可能的，除非顶点的数量非常少。

4.1.2 自然的贪心算法失败了

对于许多计算问题，贪心算法可以作为头脑风暴的良好起点。这种算法通常很容易构思出来，即使它无法解决问题（情况经常如此），它的失败原因也能够帮助我们更好地理解问题的复杂所在。

对于 WIS 问题，也许最自然的贪心算法与 Kruskal 算法类似：对顶点执行一遍扫描，从最佳（最大权重）到最差（最小权重），只要它没有与以前所选中的顶点冲突，就把它添加到目前为止的解决方案中。对于顶点具有权重的输入图 $G=(V,E)$，这种算法的伪码如下。

WIS：一种贪心算法

```
S := ∅
根据权重对 V 的顶点进行排序
for  each v ∈ V, 按权重的非升序  do
     if  S∪{v} 是 G 的独立子集  then
          S := S∪{v}
return  S
```

这足够简单。但它可行吗？

小测验 4.2

当输入图是图 4.3 所示的 4 顶点路径图时，贪心算法的输出的总权重是多少？它是不是可能出现的最大权重和？

（a）6；否

（b）6；是

（c）8；否

（d）8；是

（关于正确答案和详细解释，参见第 4.1.4 节。）

第 1～3 章中的那些精心选择的贪心算法留给我们一个假象，好像贪心算法大多是正确的。但是，不要忘了我在第 1 章一开始所提到的：贪心算法通常是不正确的。

4.1.3 分治算法可行吗

当问题的输入存在一种很自然的划分方式时，分治算法设计范例（第 1.1.1 节）总是值得一试。对于输入路径图 $G=(V,E)$ 的 WIS 问题，一种很自然的高级方法如下（忽略基本情况）。

WIS：一种分治算法

$G_1 := G$ 的前半部分

$G_2 := G$ 的后半部分

$S_1 :=$ 递归地解决 G_1 的 WIS 问题

$S_2 :=$ 递归地解决 G_2 的 WIS 问题

把 S_1 和 S_2 组合为 G 的解决方案 S

return S

问题出在组合步骤（见图 4.4）的细节上。

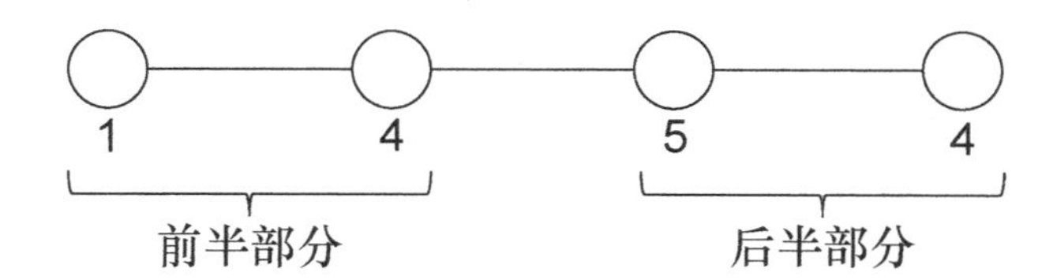

图 4.4 组成步骤

第 1 个和第 2 个递归调用分别返回第 2 个和第 3 个顶点作为它们各自子问题的最优解决方案。由于这两个解决方案之间的边界存在冲突，因此它们组合之后并不是一个独立子集。当输入图只有 4 个顶点时，我们很容易知道如何消除边界冲突。当输入图中具有成百上千的顶点时，事情就没有那么容易了。[①]

除了贪心算法和分治算法之外，我们还有没有更好的办法？

4.1.4 小测验 4.1~4.2 的答案

1. 小测验 4.1 的答案

正确答案：（c）。完全图没有非相邻顶点，因此每个独立集合中最多只有一

① 这个问题可以通过分治算法实现 $O(n^2)$的运行时间，它进行 4 个递归调用而不是 2 个，其中 n 表示顶点的数量。（明白为什么吗？）这个问题的动态规划算法的运行时间是 $O(n)$。

个顶点。因此，一共有6个独立集合：空集和5个单顶点集合。环形图除了完全图的6个独立集合之外还有一些两个顶点的独立集合。(3个或更多个顶点的集合中至少存在一对相邻顶点。)它共有5个两个顶点的独立集合，因此总共有11个独立集合。

2. 小测验4.2的答案

正确答案：(a)。贪心算法的第1次迭代选择了最大权重顶点，也就是第3个顶点(权重为5)。这样与它相邻的顶点(权重均为4的第2个和第4个顶点)就不在考虑之列。接着，这个算法只能选择第1个顶点，并输出一个权重为6的独立集合。这并不是最优方案，因为第2个和第4个顶点所组成的独立集合的总权重为8。

4.2 路径图的WIS问题的线性时间算法

4.2.1 最优子结构和推导公式

为了快速解决路径图的WIS问题，我们需要另辟蹊径。成功的关键就是进行思维试验：假设有人交给我们一个万能的最优解决方案，它会是什么样子的呢？在理想情况下，这样的思维试验应该表明，最优解决方案肯定是通过一种规定的方式，从更小子问题的最优解决方案推演而得。这样，我们就可以把候选者的数量缩小到一个可控的范围。①

更具体地说，设$G=(V,E)$表示n个顶点的路径图，具有边$(v_1,v_2),(v_2,v_3),\cdots,(v_{n-2},v_{n-1}),(v_{n-1},v_n)$，并且每个顶点$v_i\in V$都有一个非负的权重$w_i$。另设$n\geqslant 2$，不然答案就太简单了。假设我们知道有一个被称为$S$的MWIS属于$V$，它的总权重为$W$。我们觉得它应该是怎么样的呢？很显然，$S$要么包含最后一个顶点$v_n$，要么没有包含这个顶点。我们可以按照相反的顺序来讨论这两种情况。

---

① 对于试图进行思维试验的特定对象，我们并不会绕回原点。我们将会看到，这种思维试验可以帮助我们激发灵感，直接找到一种有效的算法。

第一种情况：$v_n \notin S$。假设最优解决方案 S 没有包含 v_n。从 G 中去除最后一个顶点 v_n 和最后一条边(v_{n-1},v_n)之后，就得到了一个共有 $n-1$ 个顶点的路径图 G_{n-1}。由于 S 没有包含 G 的最后一个顶点，而是只包含了 G_{n-1} 中的顶点，因此它可以看成 G_{n-1} 的一个独立集合（总权重仍然为 W）。它不仅是原来的独立集合之一，还是这些集合中权重最大的那个。因为如果 S^*是 G_{n-1} 的一个独立集合，其权重 $W^* > W$，则 S^*在更大的图 G 中也将构成一个总权重为 W^*的独立集合，这就与 S 是最优解决方案这个假设相悖。

换句话说，一旦我们知道一个 MWIS 不包含最后一个顶点时，马上就能知道它的情况：它是更小的图 G_{n-1} 的一个 MWIS。

第二种情况：$v_n \in S$。假设 S 包含最后一个顶点 v_n。作为一个独立集合，S 不能包含路径中的两个连续顶点，因此它排除了倒数第二个顶点 $v_{n-1} \in S$。从 G 中去除最后两个顶点和两条边就得到了包含 $n-2$ 个顶点的路径图 G_{n-2}[①]。示例如图 4.5 所示。

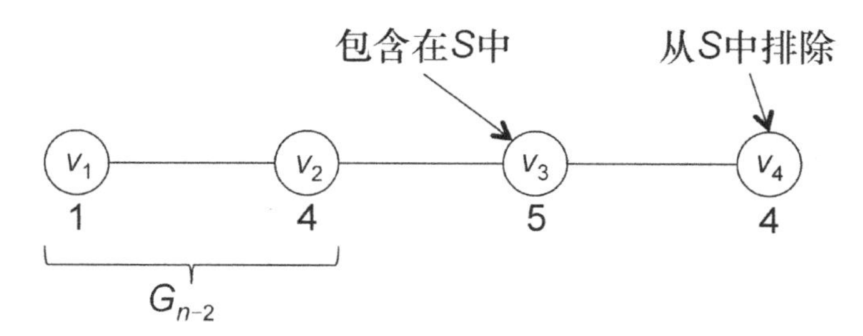

图 4.5 第二种情况示例

由于 S 包含了 v_n 但 G_{n-2} 没有包含 v_n，因此 S 并不是 G_{n-2} 的独立集合。但是从 S 中删除最后一个顶点后就可以了：$S-\{v_n\}$既没有包含 v_{n-1} 也没有包含 v_n，因此它是更小的图 G_{n-2} 的一个独立集合（总权重为 $W-w_n$）。而且，$S-\{v_n\}$肯定是 G_{n-2} 的 MWIS。因为如果还存在 S^*是 G_{n-2} 的一个独立集合，那么总权重 $W^* > W-w_n$。由于 G_{n-2}（S^*同理）不包含倒数第二个顶点 v_{n-1}，因此简单地在 S^*中添加最后一个顶点 v_n 并不会产生冲突，因此 $S^* \cup \{v_n\}$是 G 的独立集合，总权重 $W^* + w_n > (W-w_n)+w_n = W$，这就与 S 是最优独立集合的假设相悖。

换句话说，一旦知道 MWIS 包含了最后一个顶点，我们就能知道它的样子：

① 当 $n=2$ 时，我们把 G_0 看成空图（没有顶点或边的图）。G_0 的唯一独立集合就是空集，总权重为 0。

它是较小的图 G_{n-2} 的 MWIS 再加上最后一个顶点 v_n。总而言之，仅有两个候选者在竞争成为 MWIS。

辅助结论 4.1（WIS 的最优子结构）设 S 是至少包含两个顶点的路径图 G 的 MWIS。设 G_i 表示 G 的一个子图，它包含了 G 的前 i 个顶点和前 $i-1$ 条边。则 S 是下面两种情况之一：

（a）G_{n-1} 的 MWIS；

（b）G_{n-2} 的 MWIS 加上 G 的最后一个顶点 v_n。

辅助结论 4.1 确定了 MWIS 仅有两种可能，因此具有更大权重的那个就是最优解决方案。因此，我们可以得到 MWIS 总权重的推导公式。

推论 4.1（WIS 的推导公式）根据辅助结论 4.1 的假设和概念，设 W_i 表示 G_i 的 MWIS 的总权重（当 $i=0$ 时，W_i 为 0），则

$$W_n = \max\{\underbrace{W_{n-1}}_{\text{情况1}}, \underbrace{W_{n-2} + w_n}_{\text{情况2}}\}$$

或者采用更普遍的表示方法，对于每个 $i=2, 3,\cdots, n$，有

$$W_i = \max\{W_{i-1}, W_{i-2} + w_i\}$$

推论 4.1 后面那种更普遍的表述方法是前面表述方法的推广，对于每个 $i=2, 3,\cdots, n$，让 G_i 扮演输入图 G 的角色。

4.2.2 一种不成熟的递归方法

辅助结论 4.1 是一个好消息，我们把最优解决方案的候选者范围缩小到只剩下两个！因此，为什么不试试这两个并返回其中更好的那个呢？这就产生了下面的伪码，其中图 G_{n-1} 和 G_{n-2} 采用前面的定义。

WIS 的一种递归算法

输入：一个顶点集为 $\{v_1, v_2,\cdots, v_n\}$ 的路径图 G，每个顶点 v_i 具有一个非负的权重 w_i。

输出：G 的一个最大权重独立集合。

```
1 if n = 0 then    // 基本情况 1
2       return 空集
3 if n = 1 then    // 基本情况 2
4       return {v1 }
// 当 n ⩾ 2 时进行递归
5 S1 := 递归地计算 Gn−1 的 MWIS
6 S2 := 递归地计算 Gn−2 的 MWIS
7 return  S1 或 S2 ∪ {vn} 中权重更大的那个
```

我们可以通过简单的数学归纳法证明这个算法肯定能够计算出最大权重独立子集。[1]但它的运行时间是怎么样的呢？

小测验 4.3

递归的 WIS 算法的渐近运行时间（作为顶点数量 n 的函数）是什么（选择最正确的答案）？

（a）$O(n)$

（b）$O(n\log n)$

（c）$O(n^2)$

（d）上述答案均不正确

（关于正确答案和详细解释，参见第 4.2.5 节。）

4.2.3 使用缓存的递归算法

小测验 4.3 显示了这种递归的 WIS 算法和穷举搜索相比并无优势。小测验 4.4 是实现运行时间明显改善的关键所在。读者在阅读答案之前请先认真思考一下。

---

① 这个证明是通过对顶点数量 n 进行归纳完成的。基本情况（$n = 0, 1$）显然是正确的。对于归纳步骤（$n \geq 2$），归纳假设保证 S_1 和 S_2 确实分别是 G_{n-1} 和 G_{n-2} 的 MWIS。辅助结论 4.1 提示了 S_1 和 $S_2 \cup \{v_n\}$ 之间更好的那个是 G 的 MWIS，也就是这个算法的输出。

小测验 4.4

递归的 WIS 算法的每个递归调用（具有指数级的数量）负责计算一个指定的输入图的 MWIS。在所有的递归调用中，实际的不同输入图的数量有多少？

（a）$\Theta(1)$[①]

（b）$\Theta(n)$

（c）$\Theta(n^2)$

（d）$2^{\Theta(n)}$

（关于正确答案和详细解释，参见第 4.2.5 节。）

小测验 4.4 显示了递归的 WIS 算法的指数级运行时间完全来自它的荒谬的冗余度，它一遍遍地从头开始解决同一个子问题。这就产生了一个思路：当我们第一次解决一个子问题时，为什么不把它的结果保存在一个缓存中供后续使用呢？这样，如果以后遇到同一个子问题，就可以在常数级的时间内找到它的解决方案。[②]

在 101 页的伪码中加上缓存非常容易。过去的计算结果存储在一个全局可见的长度为 $n+1$ 的数组 A 中。$A[i]$存储了 G_i 的 MWIS，其中 G_i 由原输入图的前 i 个顶点和前 $i-1$ 条边组成（G_0 是空图）。在第 5 行，这个算法首先检查数组 A 是否已经包含了相关的解决方案 S_1。如果没有，它就和以前一样递归地计算 S_1，并把结果缓存在 A 中。类似地，第 6 行根据需要要么查找已有解决方案，要么递归地计算 S_2。

现在，$n+1$ 个子问题中的每一个都只需要从头解决一次。缓存确实提高了算法的速度，但提高了多少呢？如果实现方式得当，运行时间可以从指数级下降为线性级。当我们把这种自顶向下的递归算法改变为自底向上的迭代式算法时，很容易看到这样的巨幅速度提升。而后者正是我们实际想要实现的。

---

① 大 O 表示法类似于“小于或等于”，大 Θ 表示法类似于“等于”。按照正式的定义，如果存在常数 c_1 和 c_2，对于所有足够大的 n，函数 $f(n)$都能在 $c_1 \cdot g(n)$和 $c_2 \cdot g(n)$之间，则 $f(n)$就是 $\Theta(g(n))$。

② 这种将计算结果进行缓存以避免以后重做的技巧有时被称为记忆化。

4.2.4 一种迭代式的自底向上的实现

为了推断如何在递归的 WIS 算法中使用缓存，我们认识到一共有 $n+1$ 个相关的子问题，对应于输入图所有可能的前驱情况（小测验 4.4）。

路径图的 WIS 子问题

计算 W_i，也就是前驱图 G_i 的 MWIS 的总权重（$i=0,1,2,\cdots,n$）。

现在，我们把注意力集中在如何计算一个子问题的 MWIS 的总权重。第 4.3 节将介绍如何确认一个 MWIS 的顶点。

既然我们已经知道哪些子问题是重要的，为什么不直接入手，按照系统的方式逐个地解决它们呢？

子问题的解决方案依赖于两个更小子问题的解决方案。为了保证这两个解决方案已经可用，采用自底向上的方式是合理的。我们从基本情况出发，向上构建越来越大的子问题。

WIS

输入：顶点集为$\{v_1,v_2,\cdots,v_n\}$的路径图 G，每个顶点 v_i 具有一个非负的权重 w_i。

输出：G 的 MWIS 的总权重。

```
A := length-(n + 1) array // 子问题的解决方案
A[0] := 0        // 基本情况 1
A[1] := w1    // 基本情况 2
for i = 2 to n do
        // 使用推论 4.1 的推导公式
     A[i]:= max{A[i-1], A[i-2]+wi}
                (情况1)   (情况2)
return A[n] // 最大子问题的解决方案
```

长度为 $n+1$ 的数组 A 的索引是 $0\sim n$。当主循环的一次迭代必须计算子问题解决方案 $A[i]$时，两个相关的更小子问题的值 $A[i-1]$和 $A[i-2]$在前面的迭代（或者作为基本情况）中已经就绪。因此，循环的每次迭代需要 $O(1)$的时间，运行时间能够实现“耀眼”的 $O(n)$。

例如，图 4.6 所示的输入路径图。

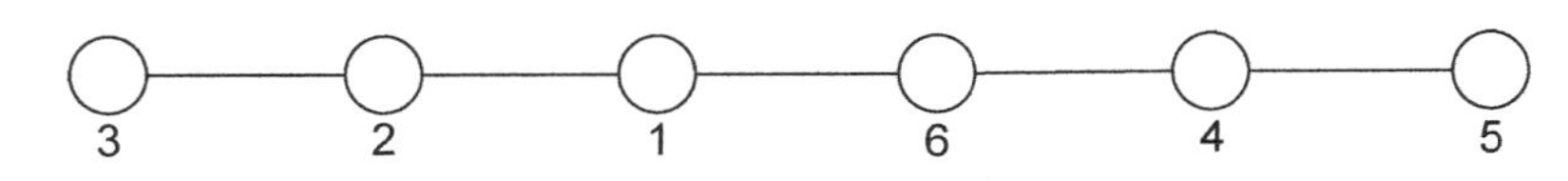

图 4.6 输入路径图

我们可以验证最终的结果如图 4.7 所示。

0	1	2	3	4	5	6
0	3	3	4	9	9	14

图 4.7 最终的结果

当 WIS 算法结束时，每个数组项 $A[i]$ 存储了由输入图的前 i 个顶点和前 $i-1$ 条边所组成的图 G_i 的 MWIS 的总权重。这与第 4.2.2 节的脚注①的归纳论证方法类似。基本情况 $A[0]$和 $A[1]$显然是正确的。在处理 $A[i]$（$i \geqslant 2$）时，通过归纳，$A[i-1]$和 $A[i-2]$这两个值确实分别是 G_{i-1} 和 G_{i-2} 的 MWIS 的总权重。推论 4.1 说明 $A[i]$的计算也是正确的。在上面的例子中，原输入图的 MWIS 的总权重是最后一个数组项的值 14，对应于由第 1 个、第 4 个和第 6 个顶点所组成的独立集合。

定理 4.1（WIS 的属性）对于每个路径图和非负的顶点权重，WIS 算法以线性时间运行，它返回一个 MWIS 的总权重。

4.2.5 小测验 4.3～4.4 的答案

1. 小测验 4.3 的答案

正确答案：(d)。从表面上看，递归模式看上去与 MergeSort 这样的具有 $O(n \log n)$时间级的分治算法相似，同样是两个递归调用加上一个比较容易的组合步骤。但是它们存在一个很大的区别：MergeSort 算法在递归之前去除一半的输入，而递归的 WIS 算法只去除 1～2 个顶点（也许有成千上万个顶点）。这两种算法都具有分支因子为 2 的递归树。[①]前者大概有 $\log_2 n$ 层，因此只有线性数量的叶节点。后者在 $n/2$ 层之前没有叶节点，意味着它至少具有 $2^{n/2}$ 个叶节点。我们可

① 每种递归算法都可以与一棵递归树相关联，树中的节点对应于这个算法的所有递归调用。树的根节点对应于这个算法的初始调用（原输入），下一层的每个子节点表示它的其中一个递归调用。树底部的叶节点对应于触发基本情况的递归调用，不会再创建新的递归调用。

以得出结论，这种递归算法的运行时间随着 n 的增大呈指数级增长。

2. 小测验 4.4 的答案

正确答案：(b)。输入图在传递给一个递归调用之前会有什么变化呢？图最后的一个或两个顶点和相应的边会被去除。因此在整个递归过程中所存在的一个不变性就是每个递归调用接收某个前驱图 G_i 作为它的输入图，其中 G_i 表示原输入图的前 i 个顶点和前 $i-1$ 条边所组成的图（G_0 表示空图），如图 4.8 所示。

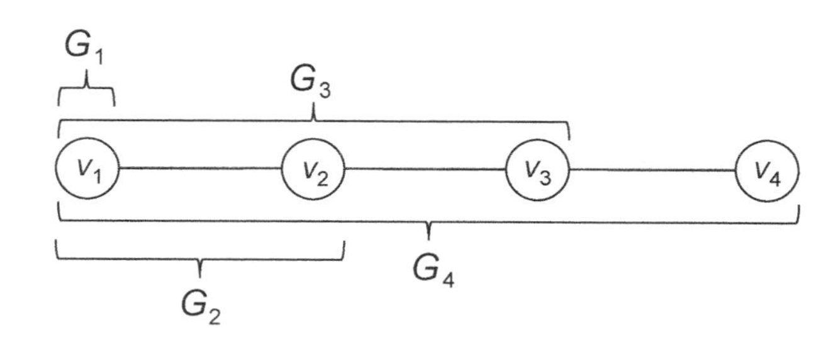

图 4.8　递归调用接受某个前驱图 G_i 作为它的输入图

这样的图一共只有 $n+1$ 个（$G_0, G_1, G_2, \cdots, G_n$），其中 n 是输入图的顶点数量。因此，在指数级数量的不同递归调用中，实际所解决的不同子问题的数量只有 $n+1$ 个。

4.3 一种重建算法

第 4.2.4 节的 WIS 算法只计算路径图的 MWIS 所具有的权重，而不是计算 MWIS 本身。一种简单的破局方法是对 WIS 算法进行修改，使每个数据项 $A[i]$ 不仅记录第 i 个子问题 G_i 的 MWIS 的总权重，还记录 G_i 中具有这个值的 MWIS 的所有顶点。

有一种更好的方法能同时节省时间和空间，就是采用一个延迟步骤，根据 WIS 算法在它的子问题数组 A 中所留下的足迹重新构建一个 MWIS。刚开始的时候，我们怎么才能知道输入图 G 的最后一个顶点 v_n 是否属于 MWIS 呢？关键仍然在于辅助结论 4.1，它表示 G 的 MWIS 有且仅有两个可以竞争的候选者：图 G_{n-1} 的 MWIS 以及 G_{n-2} 的 MWIS 加上 v_n。哪个才是正解呢？就是总权重更大的那个。

我们怎么才能知道谁的总权重更大呢？只要观察数组 A 所留下的线索！$A[n-1]$和$A[n-2]$的最终值分别记录了 G_{n-1} 和 G_{n-2} 的 MWIS 的总权重。因此有以下两种情况。

（1）如果 $A[n-1] \geqslant A[n-2]+w_n$，$G_{n-1}$ 的 MWIS 同时也是 G_n 的 MWIS。

（2）如果 $A[n-2]+w_n \geqslant A[n-1]$，$G_{n-2}$ 的 MWIS 加上 v_n 就是 G_n 的 MWIS。

如果是第一种情况，我们知道需要从解决方案排除 v_n，并从 v_{n-1} 继续重建过程。如果是第二种情况，我们知道需要在解决方案中包含 v_n，从而驱使我们排除 v_{n-1}，然后从 v_{n-2} 继续重建过程。[①]

WIS 重建

输入： WIS 算法为顶点集$\{v_1, v_2,\cdots, v_n\}$且每个顶点 v_i 具有非负权重 w_i 的路径图 G 所计算的数组 A。

输出： G 的一个 MWIS。

```
S := ϕ // MWIS 中的顶点
i := n
while i ⩾ 2 do
     if A[i-1] ⩾ A[i-2] + w_i then   // 情况 1 获胜
          i := i - 1                 // 排除 v_i
     else                            // 情况 2 获胜
          S := S ∪ {v_i}             // 包含 v_i
          i := i - 2                 // 排除 v_{i-1}
if i = 1 then                        // 基本情况 2
     S := S ∪ {v_1}
return S
```

WIS 重建算法对数组 A 进行一遍后向的遍历，在循环的每次迭代中花费 $O(1)$ 的时间，因此它的运行时间是 $O(n)$。它的正确性的归纳证明与 WIS 算法相似（定理 4.1）。[②]

---

① 如果出现平局（$A[n-2]+w_n=A[n-1]$），两种情况都会产生最优解决方案。

② 敏锐的读者可能会抱怨重新计算 $A[i-1]$和 $A[i-2]+w_i$ 这种形式的比较是在浪费时间，因为 WIS 算法已经进行了这个比较。如果 WIS 算法经过修改对比较结果进行了缓存（实际上，可以回忆一下哪种推导情况用于填充每个数组项），那么可以直接查阅这些结果而不是在 WIS 重建算法中重新计算。对于第 5 章和第 6 章所研究的一些非常难的问题，这个思路显得尤其重要。

例如，请看图 4.6 所示的输入路径图。

WIS 重建算法包含 v_6（促使 v_5 被排除），包含 v_4（促使 v_3 被排除），排除 v_2 并包含 v_1，如图 4.9 所示。

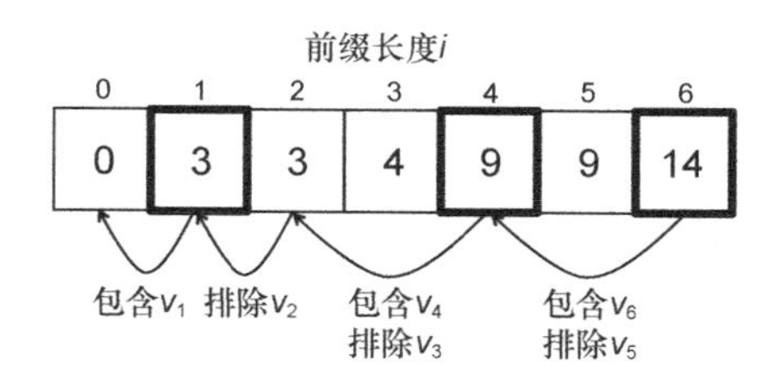

图 4.9 WIS 重建算法

4.4 动态规划的原则

4.4.1 3 个步骤的配方

猜猜发生了什么？通过 WIS，我们刚才设计了第一个动态规划算法！基本的动态规划范例可以用 3 个步骤予以总结。我们最好通过实例进行理解，到目前为止我们只讨论了一个例子，因此我鼓励读者在完成更多的案例之后重新阅读本节。

动态规划范例

（1）确认一个相对较小的子问题集合。

（2）知道了“更小的”子问题的解决方案后，如何快速且正确地解决“更大的”子问题。

（3）根据所有子问题的解决方案，快速而正确地推断出最终的解决方案。

实现了全部 3 个步骤之后，对应的动态规划算法就自然产生了：它按照系统的方式逐个解决所有的子问题，从“最小的”子问题到“最大的”子问题，并根据这些子问题的解决方案得出最终的解决方案。

在 n 个顶点的路径图的 WIS 问题的解决方案中，我们通过确认一共有 $n+1$ 个子问题的集合，从而实现了第 1 个步骤。对于 $i=0, 1, 2,\cdots,n$，第 i 个子问题就是计算由输入图的前 i 个顶点和前 $i-1$ 条边所组成的图 G_i（G_0 表示空图）的 MWIS 的总权重。把子问题按照从“最小”到“最大”的顺序进行排序存在一种显而易见的方式，也就是 G_0，G_1，G_2，…，G_n。推论 4.1 的推导公式显示了如何在 $O(1)$时间内根据第 $i-2$ 个和第 $i-1$ 个子问题的解决方案计算第 i 个子问题的解决方案，从而实现了第 2 个步骤。第 3 个步骤非常容易：返回最大子问题的解决方案，它与原问题的解决方案相同。

4.4.2 子问题的期望属性

发挥动态规划的潜力以解决一个问题，关键在于确认正确的子问题集合。我们期望这些子问题满足什么属性呢？假设我们在解决每个子问题时至少需要执行常数级的工作，那么子问题的数量就是算法的运行时间下界。因此，我们希望子问题的数量尽可能地少。我们的 WIS 解决方案只需要解决线性数量的子问题，这通常是最好的场景。类似地，解决一个子问题（在已经知道更小子问题的解决方案时）以及推断最终解决方案所需要的时间也会对算法的总体运行时间产生影响。

例如，假设一个算法最多解决 $f(n)$个不同的子问题（按照系统的方式从“最小”到“最大”依次解决），并且每个子问题最多使用 $g(n)$的时间，并在提取最终的解决方案时最多执行 $h(n)$的善后工作（其中 n 表示输入的大小）。这个算法的运行时间最多为

$$\underbrace{f(n)}_{\text{子问题}} \times \underbrace{g(n)}_{\substack{\text{每个子问题所需要的时间}\\ \text{（在以前的解决方案的基础上）}}} + \underbrace{h(n)}_{\text{善后处理}} \tag{4.1}$$

这个方案的 3 个步骤尽可能使 $f(n)$、$g(n)$和 $h(n)$分别保持最小。在基本的 WIS 算法中，如果没有 WIS 重建这个延迟步骤，我们使 $f(n)=O(n)$、$g(n)=O(1)$、$h(n)=O(1)$，因此总体运行时间为 $O(n)$。

如果我们包含了这个重建步骤，$h(n)$就提升至 $O(n)$，但总体运行时间 $O(n)\times O(1)+O(n)=O(n)$仍然是线性的。

4.4.3 一个可重复的思维过程

在设计动态规划算法时，重中之重就是推断出神奇的子问题集合。在此之后，一切都会变得顺理成章。但是，我们怎么才能完成这个任务呢？如果读者在动态规划上达到“黑带”水平，很可能只需要看一眼问题，就能凭直觉知道子问题应该是什么样的。但是，如果读者刚刚接触动态规划，就需要大量的训练才能具备这样的能力。在我们的案例中，我们不指望“天降灵感”，而是通过一个思维过程很自然地产生子问题的集合（就像在 WIS 问题中所做的一样）。这个过程是可以重复的，当我们在自己的项目中需要使用动态规划范例来解决问题时，就可以模仿这个思维过程。

我们的主要思路是推导出最优解决方案的结构，确认从更小子问题的最优解决方案构建它的不同方法。这种思维试验不仅可以识别相关的子问题，而且可以产生一个推导公式（类似于推论 4.1），把一个子问题的解决方案表达为更小子问题的解决方案的一个函数。然后，动态规划算法用子问题的解决方案填充一个数组，按从更小的子问题到更大的子问题排列，并使用推导公式计算每个数组项。

4.4.4 动态规划和分治算法的区别

熟悉分治算法设计范例（第 1.1.1 节）的读者可能会认识到它与动态规划的一些相似之处，尤其是后者的自顶向下的递归过程（第 4.2.2～4.2.3 节）。这两种范例都是递归地解决更小的子问题，然后把结果组合为原问题的解决方案。下面是这两种范例的典型用法上的 6 个区别。

（1）在典型的分治算法中，每个递归调用只提供一种方法把输入划分为更小的子问题。①在动态规划中，每个递归调用的选择就比较开放，可以对更小子问题的多种定义方法进行考虑并从中选择最优的一种。②

（2）由于动态规划算法的每个递归调用会对更小子问题的多个选择进行试验，因此子问题一般会在不同的递归调用中重复出现。因此，将子问题的解决方

---

① 例如，在 MergeSort 算法中，每个递归调用可以把它的输入数组划分为它的左半部分和右半部分。QuickSort 算法调用一个划分子程序选择如何把输入数组一分为二，然后把划分结果提交给它的剩余执行部分。

② 例如，在 WIS 算法中，每个递归调用可以在顶点更少的子问题和边数更少的子问题之间进行选择。

案进行缓存是一种可以“无脑”进行的优化。在大多数分治算法中，所有的子问题都是不同的，因此没有必要将它们的解决方案进行缓存。[①]

（3）分治算法的大多数经典应用把任务的多项式复杂度的简单算法替换为更快的分治版本。[②]动态规划得力的应用是把需要指数级时间复杂度的任务（例如穷举搜索）优化为多项式时间级的复杂度。

（4）在分治算法中，选择子问题主要是为了优化运行时间，常常无须考虑其正确性。[③]在动态规划中，选择子问题通常要把正确性放在首位，当然运行时间也需要兼顾。[④]

（5）相对来说，分治算法的子问题大小一般不会超过输入的某个比例（例如50%）。动态规划的子问题只要小于输入就没有问题（例如在 WIS 算法中），只要满足正确性。

（6）分治算法可以看成动态规划的一种特殊情况，每个递归调用选择一个固定的子问题集合以递归的方式解决。作为一种更为复杂的算法范例，动态规划相比分治算法适用于范围更广的问题，但它的技术要求也更高（至少需要足够的实践）。

面临一个新问题时，应该选择哪种算法范例呢？如果能够发现一种分治算法解决方案，就应毫不犹豫地使用它。如果分治算法无能为力，尤其当失败的原因是组合步骤总需要大量从头开始的计算时，就可以尝试使用动态规划。

4.4.5 为什么叫“动态规划”

读者可能会疑惑“动态规划”（dynamic programming）这个奇怪名称的由来。答案现在仍然不是很清楚，我们只知道这个词用在当前要比过去更为贴切。

首先，“programming”这个词用在此处有些时空错乱的感觉。它在现在表示编

---

① 例如，在 MergeSort 和 QuickSort 算法中，每个子问题对应于输入数组的一个不同子数组。

② 例如，MergeSort 算法把一个长度为 n 的数组的排序时间从简单的 $O(n^2)$降低到 $O(n \log n)$。其他例子包括 Karatsuba 算法（把两个 n 位数相乘的运行时间从 $O(n^2)$降低为 $O(n^{1.59})$）和 Strassen 算法（在 $O(n^{2.81})$的时间内实现两个 $n \times n$ 矩阵的乘法）。

③ 例如，QuickSort 算法总是会正确地对输入数组进行排序，不管它所选择的基准元素是好是坏。

④ 第 4.5 节所讨论的背包问题的动态规划算法就是一个很好的例子。

写代码，但在 20 世纪 50 年代，“programming”这个词通常表示“计划、安排”的意思（例如，它在“television programming”（电视节目）这个词中就表示这个含义）。那“动态”又表示什么呢？要想知道详细由来，还是来听听动态规划之父 Richard E. Bellman 自己的说法，这是他对自己在 RAND 公司时工作情况的描述。

> 20 世纪 50 年代对于数学研究来说并不是一个很好的时代。美国华盛顿有一位非常有趣的绅士，名叫威尔逊，时任美国国防部部长。他对“研究”这个词有着病态的恐惧和憎恨。我不会轻率地使用这个词，只有在非常精确的场合才会使用它。如果有人在他面前提到了“研究”这个词，他的神情就会变得不善，脸色涨得通红，随之勃然大怒。我们可以想象一下当他听到“数学”这个词时会有什么感觉。RAND 公司当时受雇于美国空军，而美国空军实质上的大老板就是威尔逊。
>
> 因此，我觉得必须做点儿掩饰，不要让威尔逊和美国空军知道我实际上是在 RAND 公司内部做数学研究。我该选择什么标题或名称呢？一开始我设想的是计划、决策和思维。但是出于某些原因，“计划”这个词并不是很适合。因此我决定使用“编程”这个词。“动态”这个词作为形容词具有一个非常有趣的属性，因此它不管怎么用都不会含有轻蔑之意（完全不可能）。因此，我觉得动态规划是个很好的名称。它不像是人们会反对的那种名称，因此我用这个名称来掩饰我所从事的工作。[①]

4.5 背包问题

我们的第 2 个案例讨论著名的背包问题。按照在第 4.2 节讨论 WIS 算法时所使用的相同思维过程，我们可以得到这个著名问题的动态规划解决方案。

4.5.1 问题定义

背包问题的一个实例可以由 $2n+1$ 个正整数所指定，其中 n 是“物品”的

---

① Richard E. Bellman 的 *Eye of the Hurrican: An Autobiography*（《飓风之眼：传记》），*World Scientific*，于 1984 年出版，第 159 页。

数量（物品按照1～n任意编号）：每件物品i有一个价值v_i和大小s_i，并且背包的容量是C。[①]算法的任务就是选择物品的一个子集。只要背包装得下，物品的总价值应该尽可能大，这意味着所选择物品的总大小不能超过C。

问题：背包问题

输入： 物品价值$v_1,v_2,\cdots,v_n$；物品大小$s_1,s_2,\cdots,s_n$；背包容量C（所有的值均为正整数）。

输出： 一个物品子集$S\subseteq\{1,2,\cdots,n\}$，具有最大的价值之和$\sum_{i\in S}v_i$，但必须满足总大小$\sum_{i\in S}s_i$不超过$C$。

小测验 4.5

考虑下面这个背包问题的实例，背包的容量$C=6$并且有4件物品，如图4.10所示。

物品	价值	大小
1	3	4
2	2	3
3	4	2
4	4	3

图4.10　背包问题

最优解决方案的总价值是多少呢？

（a）6

（b）7

（c）8

（d）10

（关于正确答案和详细解释，参见第4.5.7节。）

我可以讲述一个非常老套的故事：一位背着背包的窃贼闯进了一座房子，希

① 物品的价值是否为整数其实并不重要（和任意的正实数值相比），但物品的大小必须是整数，稍后我们将会看到原因。

望在尽可能短的时间内盗窃尽可能多的物品离开。这种恶行实际上与这个极为基本的问题有关。当我们拥有一个稀缺资源并希望最大限度地发挥其作用时，我们所面临的实际上就是背包问题。我们应该对哪些货物和服务“挥舞支票本”以获取最大的价值呢？在预算已经确定的情况下，在具有不同工作效率和薪金要求的应聘者中，我们应该雇用谁呢？这些都是背包问题的例子。

4.5.2 最优子结构和推导公式

为了在背包问题中应用动态规划，我们必须推断出正确的子问题集合。与 WIS 问题相似，为了实现这个目标，我们需要推断出最优解决方案的结构，并确认从更小子问题的最优解决方案构造更大子问题解决方案的不同方式。

这种操作的另一个成果是一个推导公式，它可以从两个更小子问题的解决方案中计算出一个更大子问题的解决方案。

考虑一个背包问题的实例，物品的价值为 $v_1, v_2,\cdots, v_n$，物品的大小为 $s_1, s_2,\cdots s_n$，背包的容量为 C。假设有人交给我们一个万能的最优解决方案 $S\subseteq\{1, 2,\cdots,n\}$，总价值 $V=\sum_{i\in S} v_i$。这个最优解决方案看上去应该是怎么样的呢？和 WIS 问题一样，我们也可以从一个思路出发：S 要么包含了最后一件物品（物品 n），要么不包含它。①

情况 1：$n\notin S$。由于最优解决方案 S 排除了最后一件物品，因此它可以看成仅由前 $n-1$ 件物品所组成的更小子问题（背包容量是 C）的一种可行的解决方案（总价值仍然为 V，总大小仍然不超过 C）。而且，S 必定是这个更小子问题的最优解决方案：如果存在一个解决方案 $S^*\subseteq\{1, 2,\cdots,n-1\}$，其总大小不超过 C 并且总价值大于 V，它也可以成为原问题的解决方案，这就与 S 是最优解决方案的设想相悖。

情况 2：$n\in S$。更复杂的情况是最优解决方案 S 包含了最后一件物品 n。这

① 路径图的 WIS 问题在本质上是线性的，顶点在路径中按顺序排列。这就很自然地对应于输入中的前驱子问题。背包问题中的子问题在本质上并不是有序的，但为了确认正确的子问题集合，对前面的方法进行模仿以假设它们以某种任意的方式进行排序是极有帮助的。然后，物品的“前驱”就可以对应于这种任意顺序中的前 i 件物品（对于某个 $i\in\{0, 1, 2,\cdots,n\}$）。许多其他动态规划算法也使用了这种技巧。

种情况只有当 $s_n \leqslant C$ 时才可能发生。我们不能把 S 看成仅由前 $n-1$ 件物品所组成的一个更小子问题的可行解决方案，但在排除物品 n 之后就可以成立。$S-\{n\}$ 是否是这个更小子问题的最优解决方案呢？

小测验 4.6

下面哪些说法对于集合 $S-\{n\}$ 是成立的（选择所有正确的答案）？

（a）它是由前 $n-1$ 件物品所组成的容量为 C 的子问题的最优解决方案

（b）它是由前 $n-1$ 件物品所组成的容量为 $C-v_n$ 的子问题的最优解决方案

（c）它是由前 $n-1$ 件物品所组成的容量为 $C-s_n$ 的子问题的最优解决方案

（d）如果背包的容量只有 $C-s_n$，它可能不是可行的解决方案

（关于正确答案和详细解释，参见第 4.5.7 节。）

这个案例分析显示了背包问题的最优解决方案只剩下两个候选者。

辅助结论 4.2（背包问题的最优子结构）设 S 是具有 $n \geqslant 1$ 件物品、物品价值为 $v_1, v_2, \cdots, v_n$、物品大小为 $s_1, s_2, \cdots, s_n$、背包容量为 C 的背包问题的最优解决方案。则 S 必为下面两者之一：

（a）由前 $n-1$ 件物品组成的背包容量为 C 的子问题的最优解决方案。

（b）由前 $n-1$ 件物品组成的背包容量为 $C-s_n$ 的子问题的最优解决方案再加上最后一件物品 n。

（a）的解决方案总是最优解决方案的选项之一。（b）的解决方案当且仅当 $s_n \leqslant C$ 时才是选项之一。在这种情况下，可以有效地预先为物品 n 保留 s_n 个单位的容量。[①]具有更大总价值的那个选项就是最优解决方案，从而形成下面的推论。

推论 4.2（背包问题的推导公式）根据辅助结论 4.2 的假设和说明，设 $V_{i,c}$ 表示总大小不超过 c 的前 i 件物品所组成的子集的最大总价值（当 $i=0$ 时，$V_{i,c}$ 可以看成 0）。对于每个 $i=1, 2, \cdots, n$ 和 $c=0, 1, 2, \cdots, C$：

---

① 这类似于在路径图的 WIS 问题中删除图中的倒数第二个顶点，为最后一个顶点保留空间。

$$V_{i,c}=\begin{cases}\underbrace{V_{i-1,c}}_{\text{情况1}} & s_i>c\\ \max\{\underbrace{V_{i-1,c}}_{\text{情况1}}\ \underbrace{V_{i-1,c-s_i}+v_i}_{\text{情况2}}\} & s_i\leqslant c\end{cases}$$

由于 c 和物品的大小都是整数，因此第二个表达式中的剩余容量 $c-s_i$ 也是整数。

4.5.3 子问题

下一个步骤是定义相关子问题的集合，并使用推论 4.2 的推导公式系统地解决这些子问题。至于现在，我们把注意力集中在计算每个子问题的最优解决方案的总价值上。和路径图的 WIS 问题一样，我们能够重建最优解决方案中的信息，并根据这些信息得到原问题的最优解决方案。

回到路径图的 WIS 问题，我们只使用了一个参数 i 表示子问题的索引，i 表示输入的前几个顶点的长度。对于背包问题，我们可以从辅助结论 4.2 和推论 4.2 得出子问题应该由两个索引进行参数化：前几个物品的长度 i 和可用的背包容量 c。[①]对两个参数所有相关的值均加以考虑，我们就可以得到子问题。

背包问题的子问题

计算前 i 个物品和背包容量为 c 的最优背包解决方案的总价值 $V_{i,c}$（$i=0,1,2,\cdots,n$，$c=0,1,2,\cdots,C$）。

最大子问题（$i=n$ 且 $c=C$）就与原问题相同。由于所有物品的大小和背包容量 C 都是正整数，并且由于容量总是会减去某个物品的大小（为它保留空间），因此剩下的容量只可能在 0～C。[②]

4.5.4 一种动态规划算法

明确了子问题和推导公式之后，我们立即就能想到背包问题的一种动态规划算法。

① 在路径图的 WIS 问题中，子问题只有在一个维度上可能变得更小（拥有更少的顶点数）。在背包问题中，子问题在两个维度上都可能变得更小（更少的物品以及更小的背包容量）。

② 或者按照递归的方式思考，每个递归调用删除最后一件物品和一个整数单位的容量。按照这种方式所产生的子问题只涉及前几件物品以及某个整数剩余容量。

背包问题

输入：物品价值 $v_1,\cdots,v_n$，物品大小 $s_1,\cdots,s_n$ 和背包容量 C（均为正整数）。

输出：具有最大总价值的子集 $S\subseteq\{1,2,\cdots,n\}$，满足 $\sum_{i\in S} S_i \leqslant C$。

```
// 子问题的解决方案（索引从 0 开始）
A := (n + 1) × (C + 1) 二维数组
// 基本情况（i = 0）
for c = 0 to C do
      A[0][c] = 0
//系统性地解决所有的子问题
for i = 1 to n do
      for c = 0 to C do
            // 使用推论 4.2 的推导公式
            if s_i > c then
                  A[i][c] := A[i - 1][c]
            else
             A[i] [c]:=
             max{A[i-1] [c], A[i-1] [c-s_i]+v_i}
                  (情况1)      (情况2)
return A[n][C]    //最大子问题的解决方案
```

现在，数组 A 是一个二维数组，反映了对子问题进行参数化时所使用的索引 i 和 c。当双重 for 循环的一次迭代必须计算子问题解决方案 $A[i][c]$时，两个相关的更小子问题的值 $A[i-1][c]$和 $A[i-1][c-s_i]$在外层循环之前的一次迭代时（或作为基本情况）已经计算出来了。我们可以得出结论，这个算法花费 $O(1)$的时间解决$(n+1)(C+1)=O(nC)$个子问题中的每一个，因此总体运行时间是 $O(nC)$。[①,②]最后，和 WIS 问题一样，背包问题解决方案的正确性可以通过对物品的数量进行归纳予以证明，可以使用推论 4.2 的推导公式对归纳步骤进行验证。

定理 4.2（背包问题的属性）对于背包问题的每一个实例，背包算法返回一个最优解决方案的总价值，其运行时间为 $O(nC)$，其中 n 表示物品的数量，C 是

① 在卷 1 公式（4.1）的表示法中，$f(n)=O(nC)$，$g(n)=O(1)$，$h(n)=O(1)$。

② 只有当 C 较小的时候，例如 $C=O(n)$或更小时，$O(nC)$这个运行时间才称得上令人满意。在第 4 卷中，我们将会明白这种算法的运行速度不够“耀眼”的原因。我们会有一种明确的感觉，就是背包问题确实是一个难度颇大的问题。

背包的容量。

4.5.5 例子

回顾小测验 4.5 的与 4 个物品有关的例子，其中 $C=6$（见图 4.10）。

由于 $n=4$ 且 $C=6$，因此背包算法中的数组 A 可以用一个 5 列(对应于 $i=0,1,\cdots,4$)7 行(对应于 $c=0,1,\cdots,6$) 的表格形象地说明。最终的数组值如图 4.11 所示。

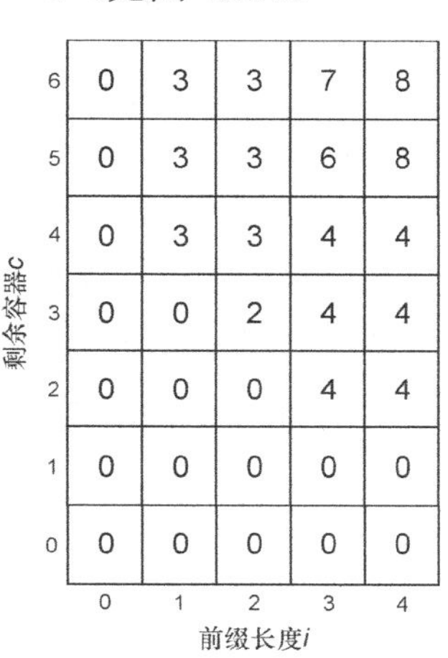

图 4.11 最终的数组值

背包算法(按照从左到右的顺序)可以计算这些项。在同一列中，背包算法则是按照从下到上的顺序进行计算。为了填充第 i 列的某一项，算法把它左边紧邻的那个项（对应于情况 1）和“v_i 与左侧向下 s_i 行的那一项之和”进行比较，并取两者中较大的那个。对于 $A[2][5]$而言，更好的选择是跳过后者直接选择左边紧邻的“3”。但对于 $A[3][5]$而言，更好的选择是包含物品 3，也就是选择 4(v_3)加上 2(左侧向下 s_i 行的那一项，即 $A[2][3]$)。

4.5.6 重建

背包算法只计算最优解决方案的总价值，并不产生最优解决方案本身。和 WIS 算法一样，我们可以通过回溯填充数组 A 的过程来重新构建一个最优解决方案。这个重建算法以右上角的最大子问题为起点，确认使用推导公式的某种情况来计算 $A[n][C]$。如果是第一种情况，算法就忽略物品 n，并从 $A[n-1][C]$这一项继续重建过程。如果是第二种情况，算法就在它的解决方案中包含物品 n，并从 $A[n-1][C-s_n]$这一项继续重建过程。

背包问题的重建算法

输入： 背包算法为物品价值是 $v_1,v_2,\cdots,v_n$、物品大小是 $s_1,s_2,\cdots,s_n$ 且背包容量是 C 的背包问题所计算产生的数组 A。

输出： 一个最优的背包问题解决方案。

```
S := ∅ // 最优解决方案中的物品
c := C //  剩余的容量
for i = n downto 1 do
      if sᵢ ⩽ c and A [ i - 1][ c - sᵢ ] + vᵢ ⩾ A [ i - 1][ c ] then
            S := S ∪ {i} // 第一种情况获胜，包含 i
            c := c - sᵢ // 为它保留空间
      // 否则跳过 i，容量保持不变
return S
```

背包重建这个善后步骤的运行时间是 $O(n)$（主循环的每次迭代需要 $O(1)$的工作量），它比背包算法填充这个数组所使用的 $O(nC)$时间要快得多。[①]

例如，对图 4.11 所示的数组进行回溯产生最优解决方案{3,4}，如图 4.12 所示。

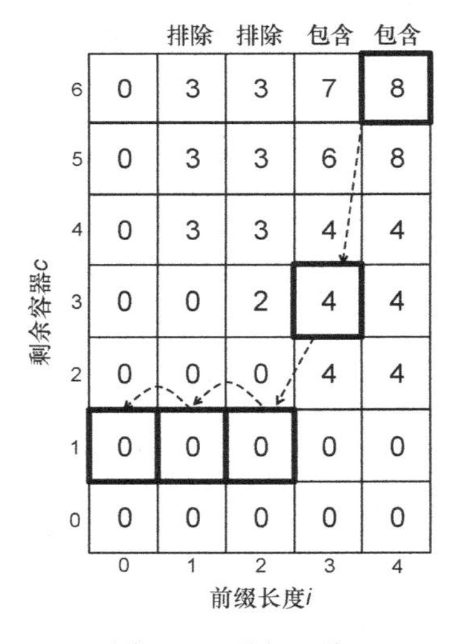

图 4.12 进行回溯

4.5.7 小测验 4.5~4.6 的答案

1. 小测验 4.5 的答案

正确答案：（c）。由于背包的容量是 6，因此没有空间再选择多于两件的物

① 在式（4.1）的记法中，背包重建问题的善后处理在 $O(n)$上增加了 $h(n)$项。整体运行时间 $O(nC) \times O(1) + O(n) = O(nC)$保持不变。

品。价值最大的那对物品是第 3 件和第 4 件（总价值为 8），它们适合放在背包里（总大小为 5）。

2. 小测验 4.6 的答案

正确答案：（c）。最显而易见的错误选项是（b），它甚至在类型上都不匹配（C 是大小的单位，v_n 是价值的单位）。例如，v_n 可以大于 C，此时 $C-v_n$ 是负的，没有意义。对于选项（d），由于 S 对于原问题而言是可行的解决方案，它的总大小不超过 $C-s_n$，因此 $S-\{n\}$对于剩余的容量而言是可行的。选项（a）是一种很自然的猜测，但它也是不正确的。[①]

在选项（c）中，我们为了包含物品 n，可以有效地保留 s_n 个单位的容量，因此剩余容量为 $C-s_n$。$S-\{n\}$是总价值为 $V-v_n$ 的更小子问题（背包容器为 $C-s_n$）的可行解决方案。如果存在一个更好的解决方案 $S^*\subseteq\{1,2,\cdots,n-1\}$，总价值 $V^*>V-v_n$ 且总大小不超过 $C-s_n$，则 $S^*\cup\{n\}$的总大小不超过 C，总价值 $V^*+v_n>(V-v_n)+v_n=V$。这就与 S 是原先问题的最优解决方案的假设相悖。

4.6 本章要点

- 动态规划遵循一种包含 3 个步骤的模式：①确定一个相对较小的子问题集合；②说明如何快速地由给定的“较小的”子问题的解决方案来解决“更大的”子问题；③如何从所有的子问题的解决方案推断出最终的解决方案。
- 一种动态规划算法如果最多解决 $f(n)$个不同的子问题，并且每个子问题最多使用 $g(n)$的时间，然后需要不超过 $h(n)$的善后工作提炼出最终的解决方案，那么它的运行时间就是 $O(f(n)\cdot g(n)+h(n))$，其中 n 表示输入大小。
- 为了推断子问题的正确集合并产生一个能够系统地解决这些子问题的推

---

① 例如，假设 $C=2$ 并考虑两件物品，$v_1=s_1=1$ 且 $v_2=s_2=2$。最优解决方案 S 为$\{2\}$。$S-\{2\}$是空集，但只包含第一件物品并且背包容量为 2 的这个子问题的唯一最优解决方案是$\{1\}$。

导公式，我们可以研究一个最优解决方案的结构，并探讨从更小子问题的最优解决方案构建这个解决方案的各种方法。

- 典型的动态规划算法先填充一个数组，其中包含子问题的解决方案中的值，然后通过对这个填充数组进行回溯来重新构建这个解决方案本身。
- 无向图的独立子集是指所有顶点均不互邻的子集。
- 在 n 个顶点的路径图中，最大加权独立子集可以通过动态规划在 $O(n)$的时间内计算产生。
- 在背包问题中，假设有 n 件物品，它们各自有自己的价值和大小，并且背包的容量为 C（所有的值均为正数），这个问题的目标是找到这些物品的最大价值子集，并满足总大小不超过 C。
- 背包问题可以通过动态规划算法在 $O(nC)$的时间内解决。

4.7 章末习题

问题 4.1（S） 考虑图 4.13 所示的输入图。

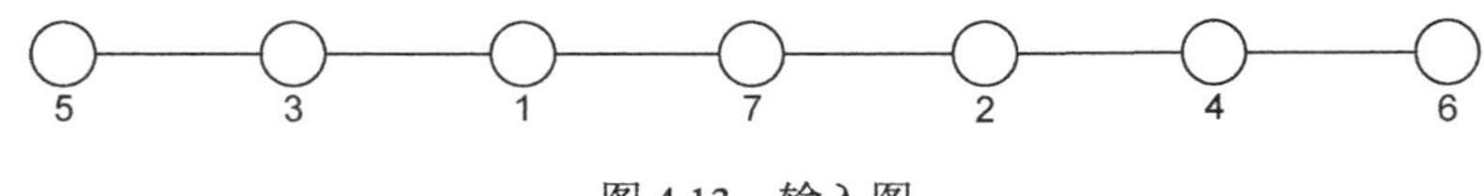

图 4.13 输入图

每个顶点都标注了它们的权重。第 4.2 节的 WIS 算法所产生的最终数组项是哪些？哪些顶点属于这个 MWIS？

问题 4.2（H） 下面哪些说法是正确的（选择所有正确的答案）？

（a）第 4.2 节和第 4.3 节的 WIS 算法和 WIS 重建算法总是返回一个包含了最大权重顶点的解决方案

（b）当不同顶点的权重各不相同时，WIS 算法和 WIS 重建算法绝不会返回一个包含最小权重顶点的解决方案

（c）如果顶点 v 并不属于由输入图的前 i 个顶点和前 $i-1$ 条边所构成的前驱

图 G_i 的 MWIS，它也就不属于 $G_{i+1},G_{i+2},\cdots,G_n$ 中的任何一个 MWIS。

（d）如果顶点 v 并不属于 G_{i-1} 或 G_i 的 MWIS，它也就不属于 $G_{i+1},G_{i+2},\cdots,G_n$ 中的任何一个 MWIS。

问题 4.3（H） 这个问题规划了一种方法，该方法解决比路径图更为复杂的图的 WIS 问题。考虑一个任意的无向图 $G=(V,E)$，所有顶点的权重均不为负，并且任意一个顶点 $v\in V$ 具有权重 w_v。通过从 H 中删除 v 的相邻顶点以及相关联的边得到 K，如图 4.14 所示。

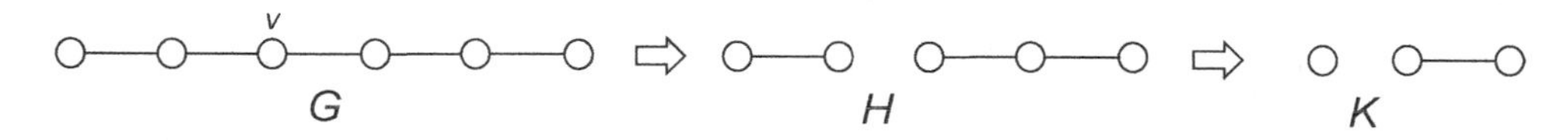

图 4.14 示例

设 W_G、W_H 和 W_K 分别表示 G、H 和 K 的 MWIS 的总权重，并考虑下面这个公式：

$$W_G=\max\{W_H,W_K+w_v\}$$

下面哪些说法是正确的（选择所有正确的答案）？

（a）这个公式对于路径图并不总是正确的

（b）这个公式对于路径图总是正确的，但对于树并不总是正确的

（c）这个公式对于树总是正确的，但对于任意的图并不总是正确的

（d）这个公式对于任意的图总是正确的

（e）这个公式对于树的 WIS 问题可以产生一种线性时间的算法

（f）这个公式对于任意图的 WIS 问题可以产生一个线性时间的算法

问题 4.4（S） 考虑一个具有 5 件物品的背包问题（见图 4.15）的实例。

物品	价值	大小
1	1	1
2	2	3
3	3	2
4	4	5
5	5	4

图 4.15 背包问题

背包的容量 $C = 9$。第4.5节的背包算法所产生的最终数组项是什么，哪些项属于最优解决方案？

挑战题

问题 4.5（H） 这个问题描述了背包问题的4种变型。在每种变型中，输入由物品价值为 $v_1,v_2,\cdots,v_n$ 和物品大小为 $s_1,s_2,\cdots,s_n$ 以及一些额外的问题特定数据所组成（所有的数均为正整数）。哪些变型可以由动态规划解决，并且运行时间是物品数量 n 和输入中出现的最大数 M 的一个多项式（选择所有正确的答案）？

（a）根据正整数的容量 C，计算物品的一个最大可能的总价值子集，满足总大小正好是 C（如果不存在这样的子集，这个算法也应该能够正确地检测到这个事实）

（b）根据正整数的容量 C 和物品预算 $k\in\{1,2,\cdots,n\}$，计算物品的一个最大可能的总价值子集，满足总大小不超过 C 并且最多不超过 k 件物品

（c）根据两个背包的容量 C_1 和 C_2，计算物品的两个不相交子集 S_1 和 S_2，它们具有最大可能的总价值 $\sum_{i\in S_1} v_i+\sum_{i\in S_2} v_i$，并满足背包容量 $\sum_{i\in S_1} s_i\leqslant C_1$ 且 $\sum_{i\in S_2} s_i\leqslant C_2$

（d）根据 m 个背包的容量 $C_1,C_2,\cdots,C_m$，其中 m 最大可以与 n 相同。计算物品的不相邻子集 $S_1,S_2,\cdots,S_m$，它们具有可能最大的总价值 $\sum_{i\in S_1} v_i+\sum_{i\in S_2} v_i+\cdots+\sum_{i\in S_m} v_i$，并满足背包容量 $\sum_{i\in S_1} s_i\leqslant C_1,\sum_{i\in S_2} s_i\leqslant C_2,\cdots,\sum_{i\in S_m} s_i\leqslant C_m$。

编程题

问题 4.6 用自己最喜欢的编程语言实现WIS算法和WIS重建算法。

问题 4.7 用自己最喜欢的编程语言实现背包算法和背包重建算法。

第5章

高级动态规划

本章继续通过两个案例强化动态规划的训练，一个是序列对齐（sequence alignment）（第 5.1 节），另一个是计算具有最少平均搜索时间的最优二叉搜索树（第 5.2 节）。这两个案例的最优解决方案的结构较第 4 章的案例更复杂，它们的子问题的解决方案所依赖的更小子问题的数量多于两个。在学完本章之后，读者应该扪心自问：如果事先没有学习动态规划，能不能解决这两个案例中的任何一个？

5.1 序列对齐

5.1.1 驱动力

如果读者上过计算机基因学的课，那么应该知道前几堂课很可能是关于序列对齐问题的。[①]在这个问题中，输入由两个字符串组成，分别表示一个或多个基因组的各个部分。猜猜它们由哪几个字母组成？猜对无奖！是 {A, C, G, T}。这两个输入字符串的长度并不需要相同。例如，输入可以是字符串 AGGGCT 和 AGGCA。通俗地说，这个问题就是要判断两个字符串的相似程度。我们将在第

① 本节的表示方法来自 Jon Kleinberg 和 Éva Tardos 的著作 *Algorithm Design*（《算法设计》，Pearson，2005）第 6.6 节的灵感。

5.2 节精确地描述这个问题的定义。

为什么需要解决这个问题呢？下面是诸多原因的其中两个。首先，假设我们想要推断一个复杂基因组（例如人类基因）中某个区域的功能，有一种方法是观察一种更容易理解的基因组（例如鼠类基因）中的一个类似区域，并推测这个类似区域扮演了相同或相似的角色。这个问题的另一个截然不同的应用就是对系谱树进行推断，也就是哪个物种是从哪个物种演变而来的以及是在什么时候演变的。例如，我们可能会怀疑物种 B 是从物种 A 演变而来的，物种 C 是从物种 B 演变而来的，或者 B 和 C 是独立地从物种 A 演变而来的。基因相似性可以作为系谱树中相似度的一个指标。

5.1.2 问题定义

AGGGCT 和 AGGCA 这两个示例字符串明显是不同的。但凭直觉，我们发现它们仍有一些相似之处。我们如何定义这种直觉呢？有一种思路就是注意到这两个字符串是可以“优雅对齐的”。

A G G G C T

A G G − C A

其中“−”表示第二个字符串中两个字母之间的空位，看上去像是少了一个“G”。在全部 6 列中，这两个字符串有 4 列是一致的，仅有的两个不一致是那个空位以及最后一列 T 和 A 的不匹配。

一般而言，对齐就是在其中一个（或两个）字符串中插入空位，使它们具有相同的长度，如图 5.1 所示。

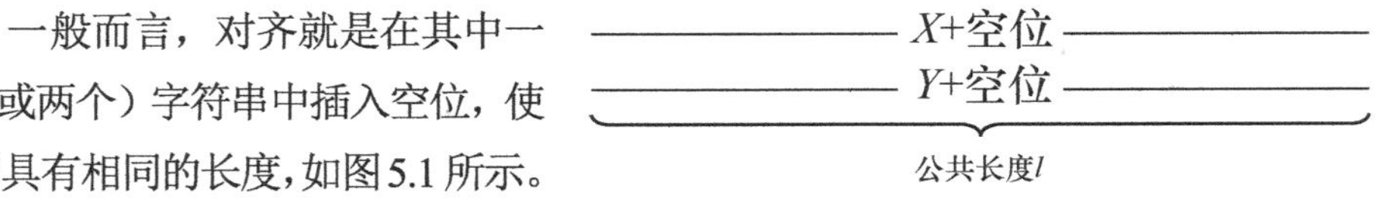

图 5.1 对齐

然后，我们就可以根据它们最优雅的对齐方式的质量来定义这两个字符串的相似度。但是，哪种对齐方式更加“优雅”呢？是 1 个空位加上 1 处不匹配呢？还是 3 个空位但没有其他的不匹配？

我们假设已经凭借经验解决了这样的问题，就是在输入中除了两个字符串之外，还提供了空位和不匹配的扣分标准。扣分标准指定了列的对齐过程中所出现的扣分情况，一种对齐方式的总扣分就是它的各列扣分之和。例如，上面 AGGGCT 和 AGGCA

的对齐方式的扣分情况就是扣分 α_{gap}（空位的扣分）加上扣分 α_{AT}（A-T 不匹配的扣分）。这样，序列对齐问题就相当于计算一种具有最低总扣分的对齐方式。

问题：序列对齐

输入： 两个字符串 X、Y，所有字符均取自字母表 $\Sigma=\{A,C,G,T\}$，每一对符号 $x,y\in\Sigma$ 都有一个扣分值 α_{xy}，另外还有一个非负的空位扣分值 $\alpha_{gap}\geqslant 0$。[①]

输出： X 和 Y 的一种对齐方式，它具有最低的总扣分值。

最低扣分值对齐方式的一种解读方式就是从一个字符串演变为另一个字符串时的过程中所经历的"最合理解释"。我们可以把空位看成这个过程中所执行的一次删除，把不匹配看成这个过程中所经历的一次修改。

两个字符串的最低扣分值对齐方式是一个相当出名的概念，它甚至有自己的名称，即字符串的 Needleman-Wunsch 积分（或 NW 积分）。[②]当且仅当两个字符串的 NW 积分相对较小时，它们才被认为是"相似的"。

小测验 5.1

假设每个空位的扣分是 1，同一列两个不同符号之间的不匹配的扣分是 2。字符串 AGTACG 和 ACATAG 的 NW 积分是多少？

（a）3

（b）4

（c）5

（d）6

（关于正确答案和详细解释，参见第 5.1.8 节。）

---

① 尽管对于所有的 $x\in\Sigma$ 满足 $\alpha_{xx}=0$，所有的 $x,y\in\Sigma$ 满足 $\alpha_{xy}=\alpha_{yx}$，假设所有的扣分都是非负值是一件很自然的事情。但是我们的动态规划算法只要求空位扣分值是非负的（明白负的空位扣分值是什么概念吗？也就是说出现空位可以得到奖励，这会使整个问题变得索然无味）。

② 根据它的发明人 Saul B. Needleman 和 Christian D. Wunsch 而命名，见于他们所发表的论文"A general method applicable to the Search for Similaries in the amino acid sequence of two proteins"（一种用于寻找两种蛋白质氨基酸序列相似性的通用方法），刊登于 *Journal of Molecular Biology*（《分子生物学杂志》，1970 年）。

如果缺乏高效的计算过程，对于基因学专家来说NW积分就毫无用处。随着两个字符串的组合长度的增加，它们的对齐数量也呈指数级增加，因此除了一些意义不大的简单情况之外，哪怕耗尽一生的时间，也无法通过穷举搜索来完成任务。动态规划在这个场合正好能够大显身手，它们通过复制与前文的路径图的WIS问题和背包问题相同的思维试验，能够通过一种高效的算法计算NW积分。[①]

5.1.3　最优子结构

与其不必要地被序列对齐问题的复杂性所吓倒，还不如依照原先的动态规划方法，看看会发生什么。如果读者在动态规划方面已经达到“黑带级别”，那么很可能已经猜到正确的子问题集合。当然，我并不奢望读者仅仅经过两个案例的学习之后就能达到这个层次。

假设有人递给我们一个万能银盘，它能够实现两个字符串对齐的最小扣分值。它看上去应该是什么样的？它可以采用多少种不同的方法根据更小子问题的最优解决方案进行构建？在路径图的WIS问题和背包问题中，我们重点讨论了解决方案的最后一个决策，即路径的最后一个顶点或背包中的最后一件物品是否属于最优解决方案？为了继续采取这种模式，我们似乎应该把注意力集中在对齐的最后一列，如图5.2所示。

```
A  G  G  G  C     T
A  G  G  -  C     A
对齐的剩余部分    最后一列
```

图5.2　对齐的最后一列

在前文的两个案例中，最后一个顶点或最后一件物品要么在最优解决方案中，要么不在，只有两种不同的可能性。在序列对齐问题中，最后一列的内容存在多少种相关的可能性呢？

小测验5.2

设 $X=x_1,x_2,\cdots,x_m$ 和 $Y=y_1,y_2,\cdots,y_n$ 是两个输入字符串，每个符号 x_i 或 y_j 都属于{A, C, G, T}集合。在最优对齐方式的最后一列内容中，共有多少种相关的可能性？

---

① 算法促使计算基因学成为一门学科，并得到了发展。如果缺少一种高效的算法计算NW积分，Needleman和Wunsch肯定会为基因相似性提出一种更容易跟踪的不同定义。

（a）2

（b）3

（c）4

（d）mn

（关于正确答案和详细解释，参见第 5.1.8 节。）

在前文的两个案例的基础上，通过具体的情况分析，最优对齐方式只存在 3 种可能，涵盖了最后一列内容的每种可能性。这就产生了一个推导公式，它可以通过对 3 种可能性进行穷举搜索而计算产生。动态规划算法使用这个推导公式系统地解决所有相关的子问题。

考虑两个非空字符串 $X = x_1, x_2, \cdots\ x_m$ 和 $Y = y_1, y_2, \cdots, y_n$ 的一种最优对齐方式。设 $X' = x_1, x_2, \cdots, x_{m-1}$ 和 $Y' = y_1, y_2, \cdots, y_{n-1}$ 分别表示 X 和 Y 的最后一个符号被去除之后的字符串。

第 1 种情况：在对齐的最后一列，x_m 和 y_n 进行匹配。

假设一种最优解决方案在最后一列中并不使用空位，而是倾向让输入字符串的最后一个字符 x_m 和 y_n 进行匹配。设 P 表示这种对齐方式所导致的总扣分。我们可以把对齐序列的剩余部分（排除最后一列）看成剩余符号的对齐方式，也就是更短的字符串 X' 和 Y' 的对齐方式，如图 5.3 所示。

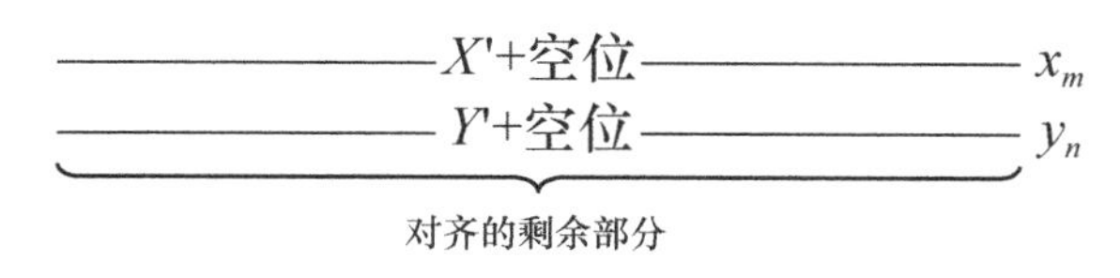

图 5.3 字符串的对齐方式

X' 和 Y' 的对齐方式的总扣分就是 P 减去之前最后一列的扣分 $\alpha_{x_m y_n}$。它不仅仅是 X' 和 Y' 的一种旧的对齐方式，还是一种最佳对齐方式。如果 X' 和 Y' 的某种其他对齐方式的总扣分 $P^* < P - \alpha_{x_m y_n}$，在它的基础之上加上最后一列 x_m 和 y_n 的扣分将导致 X 和 Y 的总扣分为 $P^* + \alpha_{x_m y_n} < (P - \alpha_{x_m y_n}) + \alpha_{x_m y_n} = P$，从而与 P 是 X 和 Y 的最低总扣分这个前提相悖。

换句话说，一旦知道 X 和 Y 的最优对齐序列方式在最后一列 x_m 和 y_n 是匹配的，我们马上就能知道它的剩余部分是什么：X'和 Y'的最优对齐方式。

第 2 种情况：在对齐的最后一列，x_m 与一个空位进行匹配。在这种情况下，由于 y_n 并不是出现在最后一列的，因此实际的对齐是 X'和原先的第 2 个字符串 Y，如图 5.4 所示。

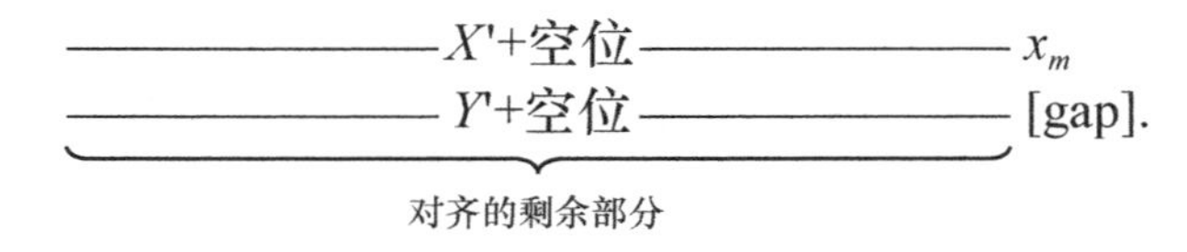

图 5.4 与空位进行匹配的对齐方式 1

而且，这种推导而得的对齐方式是 X'和 Y 的最优对齐方式，论证过程与第 1 种情况类似（读者可以自行验证）。

第 3 种情况：在对齐的最后一列，y_n 与一个空位匹配。这正好与第 2 种情况对称，实际的对齐是 X 和 Y'，如图 5.5 所示。

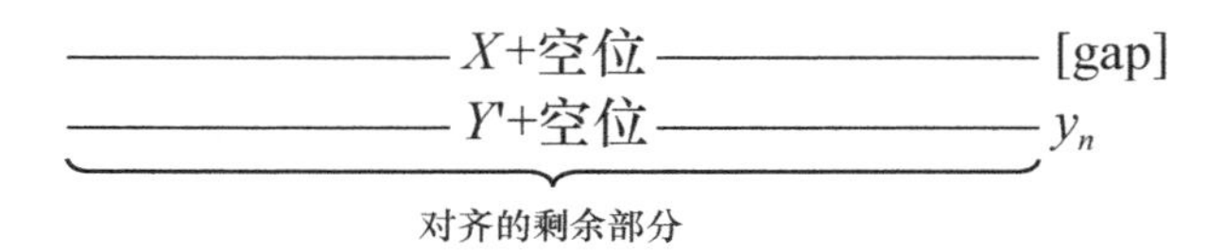

图 5.5 与空位进行匹配的对齐方式 2

而且，和前两种情况一样，它是这种对齐方式中最优的一种（读者可以自行验证）。

这个案例分析的关键在于把最优解决方案的可能性缩减为只剩下 3 个候选者。

辅助结论 5.1（序列对齐的最优子结构）两个非空字符串 $X = x_1, x_2,\cdots, x_m$ 和 $Y = y_1, y_2,\cdots,y_n$ 的最优对齐方式是下列之一：

（a）X'和 Y'的最优对齐加上最后一列 x_m 和 y_n 的匹配；

（b）X'和 Y 的最优对齐加上最后一列 x_m 和一个空位的匹配；

（c）X 和 Y'的最优对齐加上最后一列 y_n 和一个空位的匹配。

其中，X'和 Y'分别表示 X 和 Y 去除最后一个符号 x_m 和 y_n 之后的字符串。

如果 X 或 Y 是空字符串会怎么样呢？

小测验 5.3

假设有两个输入字符串，其中之一（例如 Y）为空字符串，X 和 Y 的 NW 积分是什么呢？

（a）0

（b）$\alpha_{gap} \cdot (X$ 的长度$)$

（c）$+\infty$

（d）未定义

（关于正确答案和详细解释，参见第 5.1.8 节。）

5.1.4 推导公式

小测验 5.3 处理了有一个字符串为空的基本情况。对于非空的输入字符串，在辅助结论 5.1 的 3 种方案中，具有最低总扣分的那个就是最优解决方案。我们据此推导出下面的推论，它通过穷举搜索计算 3 个方案中最优的那个。

推论 5.1（序列对齐的推导公式）根据辅助结论 5.1 的前提和概念，设 $P_{i,j}$ 是 $X_i = x_1, x_2,\cdots, x_i$（$X$ 的前 i 个符号）和 $Y_j = y_1, y_2,\cdots, y_j$（$Y$ 的前 j 个符号）的最优对齐方式的总扣分（如果 $j=0$ 或 $i=0$，$P_{i,j}$ 分别解释为 $i \cdot \alpha_{gap}$ 或 $j \cdot \alpha_{gap}$）。则：

$$P_{m,n} = \min\{\underbrace{P_{m-1,n-1} + \alpha_{x_m y_n}}_{\text{第 1 种情况}}, \underbrace{P_{m-1,n} + \alpha_{gap}}_{\text{第 2 种情况}}, \underbrace{P_{m,n-1} + \alpha_{gap}}_{\text{第 3 种情况}}\}$$

或者采用更基本的形式，对于每个 $i=1, 2,\cdots, m$ 和 $j=1, 2,\cdots, n$：

$$P_{i,j} = \min\{\underbrace{P_{i-1,j-1} + \alpha_{x_i y_j}}_{\text{第 1 种情况}}, \underbrace{P_{i-1,j} + \alpha_{gap}}_{\text{第 2 种情况}}, \underbrace{P_{i,j-1} + \alpha_{gap}}_{\text{第 3 种情况}}\}$$

推论 5.1 中更基本的形式是对第 1 种表达方式的归纳，对于每个 $i=1, 2,\cdots, m$ 和 $j=1, 2,\cdots, n$，X_i 和 Y_j 扮演了输入字符串 X 和 Y 的角色。

5.1.5 子问题

和背包问题一样，这个推导公式（推论 5.1）中的子问题也是以两个不同的

参数 i 和 j 为索引的。背包问题可以在两个层面上进行缩减（拿掉 1 件物品或者减少背包的容量），序列对齐问题也是如此（从第 1 个或第 2 个输入字符串中删除 1 个符号）。对两个参数所有相关的值都进行考虑之后，我们就得到了子问题的集合。[①]

序列对齐问题：子问题

计算 $P_{i,j}$，也就是 X 的前 i 个符号和 Y 的前 j 个符号的对齐方式的最低总扣分（$i = 0, 1, 2,\cdots, m$ 且 $j = 0, 1, 2,\cdots, n$）。

最大的子问题（$i = m$ 且 $j = n$）就和原问题一样。

5.1.6 一种动态规划算法

所有的困难工作都已经完成。我们已经知道怎么生成子问题，并知道怎么用推导公式根据更小子问题的特定解决方案来解决更大的子问题。我们可以按照系统的方式解决所有的子问题。首先从基本情况开始，直到最后解决原问题。

NW 算法

输入： 字符串 $X = x_1, x_2,\cdots, x_m$ 和 $Y = y_1, y_2,\cdots, y_n$，所有字符均出自字符表 $\Sigma = \{A,C,G,T\}$。对于每对 $x,y \in \Sigma$，都有一个扣分值 α_{xy}，另外还有一个空位扣分值 $\alpha_{gap} \geqslant 0$。

输出： X 和 Y 的 NW 积分。

```
// 子问题的解决方案（索引从 0 开始）
A := (m + 1) × (n + 1) //二维数组
// 基本情况 1（j = 0）
for i = 0 to m do
      A[i][0] = i · α_gap
// 基本情况 2（i = 0）
for j = 0 to n do
      A[0][j] = j · α_gap
```

① 或者按照递归的方式进行思考，每个递归调用从第 1 个输入字符串或第 2 个输入字符串（或从两者）中去掉最后一个符号。按照这种方式所生成的子问题都是原输入字符串的前驱部分。

```
// 系统地解决所有的子问题
for i = 1 to m do
      for j = 1 to n do
            // 使用推论 5.1 的推导公式
            A[i][j]=
                  ⎧A[i-1][j-1]+α_{x_i y_j}(Case1)⎫
              min ⎨A[i-1][j]+α_gap(Case2)      ⎬
                  ⎩A[i][j-1]+α_gap(Case3)      ⎭
return A[m][n]   //最大子问题的解决方案
```

和背包问题一样，由于子问题是根据两个不同的参数索引的，因此这个算法使用了一个二维数组来存储子问题的解决方案，并使用一个双重的 for 循环填充这个数组的内容。当某次循环迭代必须计算一个子问题的解决方案 $A[i][j]$时，3 个相关的更小子问题的值 $A[i-1][j-1]$、$A[i-1][j]$和 $A[i][j-1]$已经计算产生并可以在常数时间内查询。这意味着算法只需要花费 $O(1)$的时间解决$(m+1)(n+1)=O(mn)$个子问题中的每个问题，因此总体运行时间是 $O(mn)$。[①]和前文的动态规划算法一样，NW 算法的正确性可以通过数学归纳法进行证明。归纳过程是针对 $i+j$ 的值（子问题的大小）进行的，推论 5.1 的推导公式证实了归纳步骤。

定理 5.1（NW 算法的属性）对于序列对齐问题的每个实例，NW 算法返回正确的 NW 积分，它的运行时间是 $O(mn)$，其中 m 和 n 分别是两个输入字符串的长度。

为了观察 NW 算法的实际过程，可以参考问题 5.1。[②]

5.1.7 重新构建

根据 NW 算法所计算的数值来重新构建最优对齐方式并不困难。这个算法采用从后向前的方式，首先检查推导公式的哪种情况适用于填充与最大子问题

---

① 按照式（4.1）的记法，$f(n)=O(mn)$，$g(n)=O(1)$，$h(n)=O(1)$。

② 还能做得更好吗？在特殊情况下是可以的（参见问题 5.6）。对于一般的问题，前沿的研究表明答案可能是否定的。勇于探索的读者可以阅读论文“Edit Distance Cannot Be Computed in Strongly Subquadratic Time (unless SETH is false)”，作者 Arturs Backurs 和 Piotr Indyk 2018 年发表于 SIAM Journal on Computing。

（出现平局就任意选择一个）相对应的数组项 $A[m][n]$。[①]如果是第 1 种情况，最优对齐方式的最后一列是 x_m 和 y_n 进行匹配，重建过程是从数组项 $A[m-1][n-1]$ 开始的。如果是第 2 种或第 3 种情况，最优对齐方式的最后一列是 x_m（第 2 种情况）或 y_n（第 3 种情况）与一个空位进行匹配，重建过程是从数组项 $A[m-1][n]$（第 2 种情况）或 $A[m][n-1]$（第 3 种情况）开始的。当重建算法触及某个基本情况时，它就在那个已经用完符号的字符串前面添加适当数量的空位，从而完成对齐过程。由于这个算法在每次迭代时完成 $O(1)$的工作量，并且每次迭代把剩余的前驱字符串的长度之和减少 1，因此它的运行时间是 $O(m + n)$。我们把详细的伪码留给感兴趣的读者来完成。

5.1.8 小测验 5.1～5.3 的答案

1. 小测验 5.1 的答案

正确答案：（b）。下面是两个空位和一处不匹配，因此总扣分是 4。

A – G T A C G
A C A T A – G

下面是 4 个空位并且没有不匹配，总扣分仍然是 4。

A – – G T A C G
A C A – T A – G

没有任何一种对齐方式的总扣分为 3 或更小。为什么不可能？因为两个输入字符串具有相同的长度，每种对齐方式都会在每个字符串中插入相同数量的空位，因此空位总和是偶数。具有 4 个或更多个空位的对齐方式的总扣分至少是 4。0 个空位的对齐存在 4 处不匹配，总扣分为 8。在每个字符串中只插入一个空位的对齐中至少存在一处不匹配，总扣分至少为 4。

2. 小测验 5.2 的答案

正确答案：（b）。考虑字符串 X 和 Y 的一种最优对齐方式，如图 5.6 所示。

---

① 取决于实现细节，这个信息可能已经由 NW 算法进行了缓存，这样就可以直接查阅。如果没有缓存，重建算法也可以在 $O(1)$时间内重新计算这个答案。

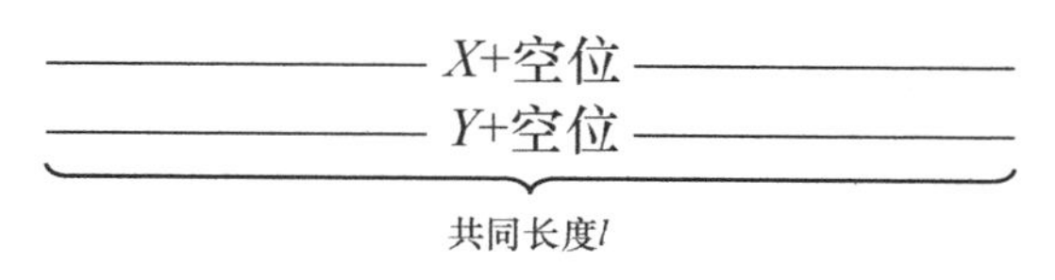

图 5.6 字符串的一种最优对齐方式

第一行最后一列的右上角会出现什么呢？它可以是一个空位，也可以是一个符号。如果它是一个符号，就必须取自 X（因为 X 位于上面这行）并且必须是 X 的最后一个元素 x_m（因为它位于最后一列）。类似，右下角必须是一个空位或第二个字符串 Y 的最后一个符号 y_n。

最后一列的每个位置都有两个选项，因此看上去似乎共有 4 种可能。但是，其中有一种是没有意义的！同一列中出现两个空位是毫无意义的，因为空位的扣分不可能是负的，因此把它们删除只会产生一种更好的对齐方式。这样，最优对齐方式的最后一列的内容只剩下 3 种相关的可能性：① x_m 和 y_n 进行匹配；② x_m 与一位空位进行匹配；③ y_n 与一个空位进行匹配。

3．小测验 5.3 的答案

正确答案：（b）。如果 Y 是空的，最优对齐方式会在 Y 中插入足够的空位，使它的长度与 X 相同。由于每个空位的扣分是 α_{gap}，因此总扣分就是 α_{gap} 乘 X 的长度。

*5.2 最优二叉搜索树

在本系列图书卷 2 的第 5 章中，我们学习了二叉搜索树，它维护一个不断演化的对象集合的总体顺序，并支持一组丰富的快速操作。在本书第 3 章中，我们定义了非前缀编码，并设计了一种贪心算法来计算一组特定的符号频率集合的最优平均长度编码方案。接下来，我们讨论搜索树的类似问题，根据不同的搜索频率数据计算具有最优平均搜索长度的搜索树。

这个问题比最优非前缀编码问题的难度更大，但对于动态规划算法而言仍然不在话下。

5.2.1 二叉搜索树回顾

二叉搜索树是一种与动态版本的有序数组类似的数据结构，在二叉搜索树中搜索一个对象就像在有序数组中搜索对象一样方便，而且它提供了快速的插入和删除操作。

这种数据结构存储与键相关联的对象（可能还有很多其他数据），树中的每个节点表示一个对象。[①]每个节点具有左孩子指针和右孩子指针，它们均可以为空。节点 x 的左子树被定义为从 x 出发通过左孩子指针能够访问的所有节点，右子树也是采用类似的定义。

搜索树的属性

对于每个对象 x:

（1）x 的左子树中的对象的键都小于 x 的键;

（2）x 的右子树中的对象的键都大于 x 的键。

简单起见，在本节中，我们假设没有任何两个节点具有相同的键。

搜索树的属性对搜索树的每个节点都施加了一个要求，而不仅仅是根节点，如图 5.7 所示。

例如，图 5.8 所示的这棵搜索树所包含的键是{1, 2, 3, 4, 5}。

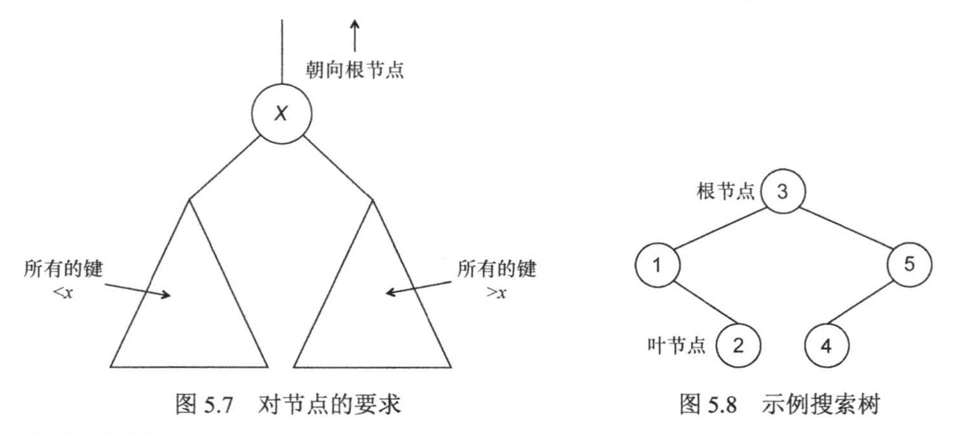

图 5.7 对节点的要求

图 5.8 示例搜索树

① 树的节点和对应的对象可以互换称呼。

搜索树属性的关键在于简化一个具有特定键的对象的搜索方式，就像在有序数组中进行搜索一样。例如，假设我们查找一个键为 17 的对象。如果根节点对象的键是 23，我们就知道需要查找的对象位于根节点的左子树。如果根节点的键是 12，我们就知道应该递归地在右子树中搜索这个对象。

5.2.2 平均搜索时间

在二叉搜索树 T 中，键 k 的搜索时间就是在搜索这个节点的过程中所访问的节点数量（包括这个节点本身）。在上面的树中，键“3”的搜索时间是 1，键“1”和“5”的搜索时间是 2，键“2”和“4”的搜索时间是 3。[①]

同一组对象的不同搜索树可能具有不同的搜索时间。例如，图 5.9 所示为包含了键{1,2,3,4,5}的另一棵示例搜索树。

“1”现在的搜索时间是 5。

在一组特定对象的所有搜索树中，哪种是“最优”的呢？我们在本系列图书卷 2 的第 5 章中提出了这个问题，答案是完美平衡树，如图 5.10 所示。

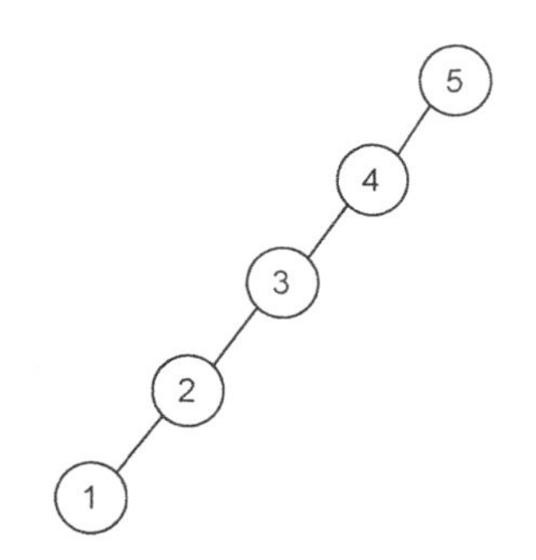

图 5.9 另一颗示例搜索树

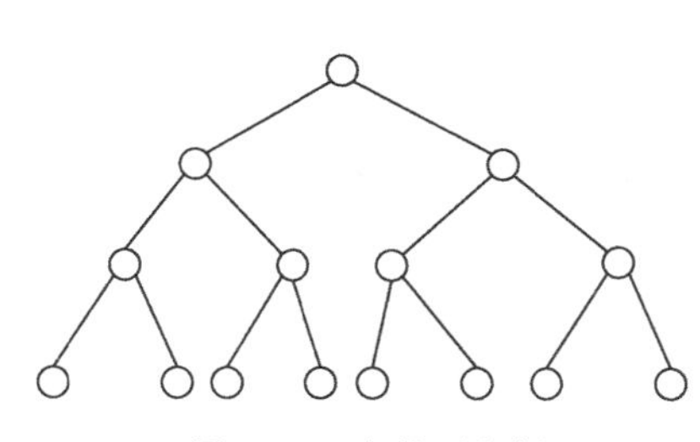

图 5.10 完美平衡树

原理是什么呢？完美平衡树最大限度地缩短了最长从根节点到叶节点路径的长度（n 个对象大约是 $\log_2 n$），或者说最大限度地缩短了最长搜索时间。平衡二叉搜索树这种数据结构就像红黑树一样，被明确设计为使搜索树尽可能地接近完美平衡（参见本系列图书卷 2 的第 5.4 节）。

---

① 换种说法，搜索时间就是对应的节点在树中的深度加 1。

当我们事先并不知道哪些对象的搜索比其他对象更为频繁时，尽可能地缩短最长搜索时间是合理的。但是，如果我们已经知道与不同对象的搜索频繁相关的统计数据时，情况又是如何呢？①

小测验 5.4

考虑图 5.11 所示的两棵存储键为 1、2 和 3 的对象的搜索树。

这几个键的搜索频率如图 5.12 所示。

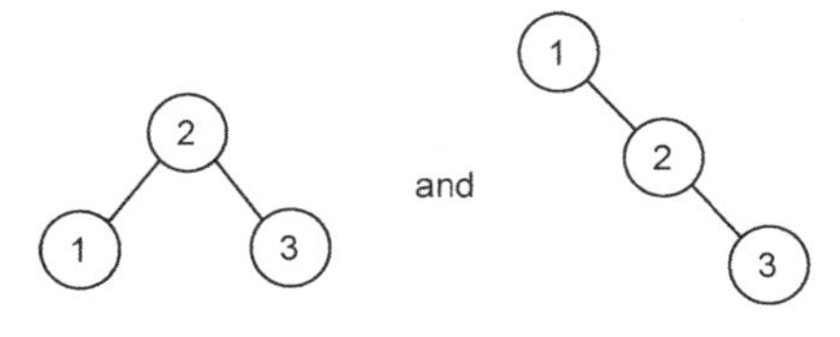

图 5.11 两棵搜索树

键	搜索频率
1	0.8
2	0.1
3	0.1

图 5.12 搜索频率

两棵树的平均搜索时间分别是多少？

（a）1.9 和 1.2

（b）1.9 和 1.3

（c）2 和 1

（d）2 和 3

（关于正确答案和详细解释，参见第 5.2.9 节。）

5.2.3 问题定义

小测验 5.4 说明了最优二叉搜索树（Optimal Binary Search Tree，OptBST）依赖于搜索频率。当搜索频率并不均匀时，非平衡的搜索树很可能优于平衡搜索树。这个现象为算法设计提供了一个非常好的机会：根据一组键的搜索频率，最

① 例如，假设我们以二叉搜索树的形式实现了一个拼写检查程序，它存储了所有正确的单词。对文档进行拼写检查的任务可以简化为依次对它的每个单词进行检查，搜索不成功就表示这个单词是拼写错误的。我们可以对一个足够大的具有代表性的文档集合中的不同单词的出现频率进行计数（包括正确拼写的和错误拼写的）来估计不同搜索的频率。

优二叉搜索树是什么样的呢？

问题：最优二叉搜索树

输入： 键$\{k_1, k_2,\cdots, k_n\}$的一个有序列表，每个键k_i有一个非负的频率p_i。

输出： 包含键$\{k_1, k_2,\cdots, k_n\}$的二叉搜索树T，它具有最短的加权搜索时间

$$\sum_{i=1}^{n} p_i \cdot \underbrace{(T\text{中}k_i\text{的搜索时间})}_{=(T\text{中}k_i\text{的深度})+1} \tag{5.1}$$

关于这个问题有 3 点需要说明。首先，键的名称并不重要，因此我们可以简单地称它们为$\{1, 2,\cdots, n\}$。其次，这个问题的定义并没有假设p_i之和为 1（因此我们用“加权”搜索时间来代替“平均”搜索时间）。如果读者对此感到不习惯，可以把每个频率除以它们的和$\sum_{j=1}^{n} p_j$对频率进行规一化，这种做法是完全可行的。最后，这个问题并不关注不成功的搜索，也就是不考虑给定的集合$\{k_1, k_2,\cdots, k_n\}$之外的搜索。我们应该确认自己的动态规划解决方案也考虑到了这种情况，对不成功搜索的时间也进行计数，只要问题的输入指定了这类搜索的频率。

最优二叉搜索树问题与最优非前缀编码问题（第 2 章）有些相似之处。在这两个问题中，它们的输入都指定了一组符号或键的频率，它们的输出都是一棵二叉树，并且算法的目标都是最大限度地缩短平均深度。它们的区别在于二叉树必须满足的约束条件。在最优非前缀编码问题中，唯一的限制是符号只能出现在叶节点中。最优二叉搜索树问题的解决方案必须满足难度更大的搜索树属性。这也是贪心算法不适用这个问题的原因。我们需要调整策略，使用动态规划范例。

5.2.4 最优子结构

和其他动态规划算法一样，这个问题的第一个步骤就是理解如何从更小子问题的最优解决方案构建原问题的最优解决方案。作为热身，我们采取一种分治算法来解决最优二叉搜索树问题（注定会失败）。分治算法的每个递归调用对它所处理的问题进行划分，使之变成两个或更多个更小的子问题。我们应该采用哪种划分方式呢？第一个思路是把具有中位键的对象放在根节点，然后递归地计算左子树和右子树。但是，如果键的搜索频率是不均匀的，中位键对象肯定不是良好

的根节点选择（参见小测验5.4）。根节点的选择对于树的后续处理具有难以预测的影响，因此我们事先怎样才能知道把问题划分为两个更小子问题的正确方法呢？除非我们拥有超前预测能力，知道哪个键应该出现在根节点，这样才能采用递归的方式计算树的剩余部分。

只有当我们知道根节点时才能继续处理，这个说法看上去有点熟悉。在路径图的WIS算法（第4.2.1节）中，只有当我们知道最后一个顶点是否属于最优解决方案时，才能知道最优解决方案的剩余部分是什么样子的。在背包问题（第4.5.2节）中，只有当我们知道最后一件物品是否属于最优解决方案时，才能知道这个最优解决方案的剩余部分是什么样子的。在序列对齐问题（第5.1.3节）中，只有当我们知道最优解决方案的最后一列的内容时，才能知道它的剩余部分是什么样子的。我们怎样克服这个信息的缺失呢？方法是尝试所有的可能，在WIS和背包问题中是两种可能，在序列对齐问题中是3种可能。按照类似的思维，最优二叉搜索树问题的解决方案也许应该尝试所有可能的根节点选项。

有了这些思路之后，你就可以解答小测验5.5，它询问在最优二叉搜索树问题中哪种类型的最优子结构辅助结论可能是正确的。

小测验5.5

假设有一棵键为$\{1, 2, \cdots, n\}$的最优二叉搜索树，频率为$p_1, p_2, \cdots, p_n$，键r位于根节点，左子树和右子树分别是T_1和T_2，如图5.13所示。

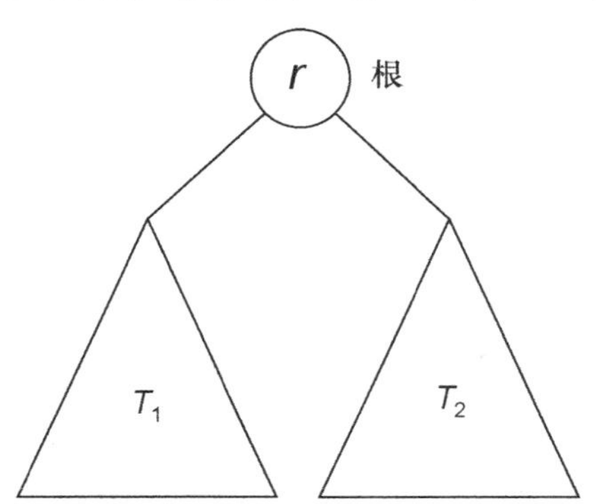

图5.13 最优二叉搜索树示例

在下面这4种说法中，选择最有可能正确的说法。

（a）T_1和T_2都不需要是它们所包含的键的最优搜索树

（b）T_1和T_2中至少有一个是它们所包含的键的最优搜索树

（c）T_1和T_2必须都是它们所包含的键的最优搜索树

（d）T_1是键$\{1, 2,\cdots, r-1\}$的最优二叉搜索树。类似地，T_2是键$\{r+1, r+2,\cdots, n\}$的最优二叉搜索树

（关于正确答案和详细解释，参见第 5.2.9 节。）

和往常一样，最优子结构的形式可以通过情况分析具体化，每种情况对应于最优解决方案的一种可能性。假设有一棵最优二叉搜索树 T，它的键为$\{1, 2,\cdots, n\}$，频率为$p_1, p_2,\cdots, p_n$。n 个键都有可能成为最优解决方案的根节点，因此总共有 n 种不同的情况。我们可以一次性对它们进行讨论。

第 r 种情况：T 根节点的键为 r。设 T_1 和 T_2 表示根节点的左右子树。搜索树的属性说明了 T_1 这部分的键为$\{1, 2,\cdots, r-1\}$，T_2 这部分的键为$\{r+1, r+2,\cdots, n\}$。而且，T_1 和 T_2 都是它们所包含键集合的合法搜索树（T_1 和 T_2 都满足搜索树的属性）。接着，我们说明它们都是各自子问题（频率分别是从原问题类继承的$p_1, p_2,\cdots, p_{r-1}$和$p_{r+1}, p_{r+2},\cdots, p_n$）的最优二叉搜索树。[①]

假设其中存在一个相反的结论，即至少有一棵子树（例如 T_1）并不是与它对应的子问题的最优解决方案。这意味着存在一棵不同的搜索树 T_1^*，它的键为$\{1, 2,\cdots, r-1\}$，并具有严格更小的加权搜索时间

$$\sum_{k=1}^{r-1} p_k \cdot (T_1^*\text{中}k\text{的搜索时间}) < \sum_{k=1}^{r-1} p_k \cdot (T_1\text{中}k\text{的搜索时间}) \qquad (5.2)$$

根据之前的情况分析，我们知道接下来必须做的事情：使用式（5.2）这个不等式推导出原问题的一棵比 T 更优秀的搜索树，从而与 T 是最优搜索树这个论断相悖。我们可以通过对 T“动个手术”来得到一棵树 T^*，也就是剪掉它的左子树 T_1，并把 T_1^*“粘”在 T_1 原先的位置上，如图 5.14 所示。

① 不必担心 $r=1$ 或 $r=n$ 的情况。在这些情况下，两棵子树之一为空，空树也可以看成键的空集的最优搜索树。

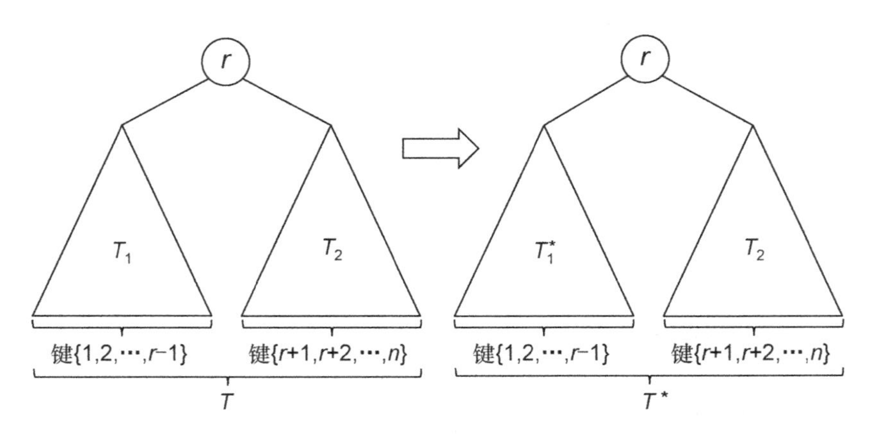

图 5.14 左子树互换

最后一步是比较 T*和 T 的加权搜索时间。把式（5.1）中和的范围划分为两个部分，即键$\{1, 2,\cdots, r-1\}$和键$\{r, r+1,\cdots, n\}$，我们可以把两个搜索时间分别写成

$$\sum_{k=1}^{r-1} p_k \cdot \underbrace{(T^* \text{中} k \text{的搜索时间})}_{=1+(T^*\text{中的搜索时间})} + \sum_{k=r}^{n} p_k \cdot (T^* \text{中} k \text{的搜索时间})$$

和

$$\sum_{k=1}^{r-1} p_k \cdot \underbrace{(T^* \text{中} k \text{的搜索时间})}_{=1+(T_1\text{中的搜索时间})} + \sum_{k=r}^{n} p_k \cdot \underbrace{(T^* \text{中} k \text{的搜索时间})}_{\text{与}T^*\text{时间(当}k\geqslant r\text{时)}}$$

由于 T*和 T 具有相同的根节点 r 和相同的右子树 T_2，因此键$\{r, r+2,\cdots, n\}$的搜索时间在这两棵树中是相同的。在$\{1, 2,\cdots, r-1\}$中搜索一个键首先访问根节点 r，然后递归地对左子树进行搜索。因此，在 T*中搜索这样的键比在 T_1*中要多一次，在 T 中搜索这样的键比在 T_1 中搜索要多一次。这意味着 T*和 T 的加权搜索时间分别可以写成

$$\sum_{k=1}^{r-1} p_k \cdot \underbrace{(T_1^* \text{中} k \text{的搜索时间})}_{\text{式（5.2）的左边}} + \sum_{k=1}^{r-1} p_k + \sum_{k=r}^{n} p_k \cdot (T^* \text{中} k \text{的搜索时间})$$

和

$$\underbrace{\sum_{k=1}^{r-1} p_k \cdot (T_1 \text{中} k \text{的搜索时间})}_{\text{式（5.2）的右边}} + \sum_{k=1}^{r-1} p_k + \sum_{k=r}^{n} p_k \cdot (T^* \text{中} k \text{的搜索时间})$$

第 2 项和第 3 项在这两个表达式中是相同的。我们的假设式（5.2）的第 1 个表达式中的第 1 个项小于第 2 个表达式中的第 1 个项，意味着 T^*的加权搜索时间比 T 更小。这就说明了前面那个相反结论是与事实相悖的，从而完成了 T_1 和 T_2 分别是它们各自子问题的最优二叉搜索树这个关键论断的证明。

辅助结论 5.2（最优二叉搜索树问题的最优子结构）如果 T 是一棵最优二叉搜索树，它的键为$\{1, 2,\cdots, n\}$，键的频率为 $p_1, p_2,\cdots, p_n$，根节点为 r，并有左子树 T_1 和右子树 T_2，则

（a）T_1 是键为$\{1, 2,\cdots, r-1\}$，频率为 $p_1, p_2,\cdots, p_{r-1}$ 的最优二叉搜索树；

（b）T_2 是键为$\{r+1, r+2,\cdots, n\}$，频率为 $p_{r+1}, p_{r+2},\cdots, p_n$ 的最优二叉搜索树。

换句话说，一旦我们知道了一棵最优二叉搜索树的根节点，就可以知道它的左子树和右子树分别是什么样子。

5.2.5 推导公式

辅助结论 5.2 把最优二叉搜索树的可能性缩减为 n，也就是只需要考虑 n 个候选者，其中 n 表示输入中键的数量（根节点的选项数量）。这 n 个候选者中最优的那个必然就是最优解决方案。

推论 5.2（最优二叉搜索树问题的推导公式）根据辅助结论 5.2 的假设和概念，设 $W_{i,j}$ 表示一棵键为$\{i, i+1,\cdots, j\}$，频率为 $p_i, p_{i+1},\cdots, p_j$ 的最优二叉搜索树的加权搜索时间（如果 $i>j$，$W_{i,j}$ 就看成 0），则

$$W_{1,n}=\sum_{k=1}^{n}p_k+\min_{r\in\{1,2,\cdots,n\}}\{\underbrace{W_{1,r-1}+W_{r+1,n}}_{\text{情况}r}\} \tag{5.3}$$

或者采用更通用的写法，对于每对 $i, j \in \{1, 2,\cdots, n\}$且 $i\leqslant j$，存在

$$W_{i,j}=\sum_{k=i}^{j}p_k+\min_{r\in\{i,i+1,\cdots,j\}}\{\underbrace{W_{i,r-1}+W_{r+1,j}}_{\text{情况}r}\}$$

推论 5.2 的更通用写法就是对$\{1, 2,\cdots, n\}$（键为$\{i, i+1,\cdots, j\}$）中的每一对 i,j（$i\leqslant j$）应用式（5.3），它们的频率扮演了原输入的角色。

式（5.3）中的“min”实现了对最优解决方案的 n 个不同候选者的穷举搜索。$\sum_{k=1}^{n} p_k$ 这一项是必要的，因为把最优子树放在一个新的根节点下面会把它的所有键的搜索时间都加 1。[①]作为一项安全检查，注意这个额外的项对于保持推导公式的正确性是极为必要的，即使树中总共只有一个键（加权搜索时间是这个键的频率）。

5.2.6 子问题

在背包问题（第 4.5.3 节）中，子问题是通过两个参数进行索引的，因为子问题的“大小”是二维的（有一个参数记录物品的前驱，另一个参数记录剩余的背包容量）。类似地，在序列对齐问题（第 5.1.5 节）中，每个参数记录其中一个输入字符串的前驱字符串。重点观察推论 5.2 的推导公式，我们可以发现它的子问题也是由两个参数（i 和 j）进行索引的，但这次的原因却不相同。在式（5.3）中 $W_{1,r-1}$ 形式的子问题是由键的后缀所定义的。为了对两种情况都进行准备，我们必须同时记录子问题的第一个（最小）键和最后一个（最大）键。[②]因此，尽管问题的输入看上去是一维的，但我们最终得到的却是子问题的一个二维集合。

对两个参数所有相关的值进行处理，就可以得到子问题的集合。

最优 BST：子问题

计算 $W_{i,j}$，也就是一棵键集为$\{i, i+1,\cdots, j\}$且键的频率为 $p_i, p_{i+1},\cdots, p_j$ 的二叉搜索树的最小加权搜索时间（每对 $i,j \in \{1,2,\cdots,n\}$且 $i \leqslant j$）。

最大的子问题（$i=1$ 且 $j=n$）与原问题完全相同。

---

① 更详细地说，考虑一棵根节点为 r 且左右子树分别为 T_1 和 T_2 的树 T。T 中键集$\{1, 2,\cdots, r-1\}$的搜索时间比 T_1 要多 1，而键集$\{r+1, r+2,\cdots, n\}$的搜索时间比 T_2 多 1。因此，加权搜索时间即式（5.1）可以重写为 $\sum_{k=1}^{r-1} p_k \cdot$（1+$T_1$ 中 k 的搜索时间）$+ p_r \cdot 1 + \sum_{k=r+1}^{n} p_k \cdot$（1+$T_2$ 中 k 的搜索时间），可以精简为 $\sum_{k=1}^{n} p_k +$（T_1 中的加权搜索时间）+（T_2 中的加权搜索时间）。

② 或者按照递归的方式进行思考，每个递归调用去掉一个或多个最小的键，或者去掉一个或多个最大的键。按照这种方式所产生的子问题对应于原问题的键的连续子集，形式是一些 $i, j \in \{1, 2,\cdots, n\}$满足 $i \leqslant j$ 的集合。例如，一个递归调用的输入可能是原输入$\{1, 2,\cdots,100\}$的某个前驱，例如$\{1, 2,\cdots,22\}$。但是，它自己的一些递归调用可能是它的输入的尾段，例如$\{18,19, 20, 21, 22\}$。

5.2.7 一种动态规划算法

理解了子问题和推导公式之后，我们可以期望动态规划算法能够顺利地生成解决方案。为了正确地生成解决方案，我们需要注意的一个细节是子问题的解决顺序。最简单的方式是把“子问题的大小”定义为输入中键的数量。

因此，比较合理的做法是首先解决所有单键输入的子问题，然后解决双键输入的子问题，接下来以此类推。在下面的伪码中，变量 s 控制当前子问题的大小。①

最优二叉搜索树算法（简称 OptBST 算法）

输入： 键$\{1, 2,\cdots, n\}$，这些键具有非负的频率 $p_1, p_2,\cdots, p_n$。

输出： 键为$\{1, 2,\cdots, n\}$的二叉搜索树的最小加权搜索时间。

```
// 子问题（i 的索引从 1 开始，j 的索引从 0 开始）
A := (n + 1) × (n + 1) //二维数组
// 基本情况（i = j + 1）
for i = 1 to n + 1 do
    A[i][i - 1] := 0
// 系统地解决所有的子问题（i≤j）
for s = 0 to n - 1 do              // s = 子问题的大小 - 1
    for i = 1 to n - s do          // i + s 扮演了 j 的角色
        // 使用推论 5.2 的推导公式
        A[i][i+s]:=
        ∑_{k=i}^{i+s} p_k + min_{r=i}^{i+s}{A[i][r-1]+A[r+1][i+s]}
                                         （情况r）
return A[1][n]        // 最大子问题的解决方案
```

在负责计算子问题解决方案 $A[i][i+s]$的循环迭代中，$A[i][r-1]$和 $A[r+1][i+s]$形式的所有项对应于在外层 for 循环的某次早期迭代中（或作为基本条件）已经计算产生的更小子问题的解决方案。这些值已经就绪并且可以在常数时间内读取。

形象地说，我们可以把 OptBST 算法中的数组 A 看成一张二维表，外层 for 循环的每次迭代对应于一组对角方格，而内层 for 循环负责从“西南”到“东北”填充这组对角方格，如图 5.15 所示。

---

① 关于这个算法的实际使用效果的例子，可以参考问题 5.4。

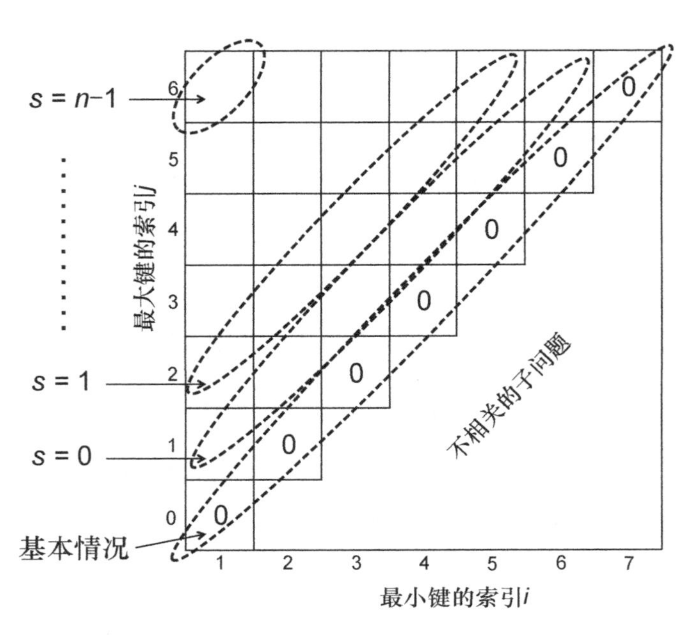

图 5.15 数组 A 的二维表形式

在数组项 $A[i][i+s]$的计算过程中，$A[i][r-1]$和 $A[r+1][i+s]$形式的所有相关数据项（已经计算产生）位于下方的对角方格组中。

和所有的动态规划算法一样，OptBST 算法的正确性能够通过数学归纳法（根据子问题的大小）进行证明，推论 5.2 的推导公式可用于验证归纳步骤。

这个算法的运行时间又是如何呢？不要轻率地以为每次循环迭代所执行的伪码行数能够转换为常数级的基本计算操作。计算 $\sum_{k=i}^{i+s} p_k$ 并按照穷举的方式搜索推导公式的 $s+1$ 种情况需要 $O(s)=O(n)$的时间。①由于总共有 $O(n^2)$次迭代（每个子问题都有一次），因此整体运行时间是 $O(n^3)$。②

定理 5.2（OptBST 算法的属性）对于每组键的集合$\{1, 2,\cdots, n\}$和非负的频率 $p_1, p_2,\cdots, p_n$，OptBST 算法的运行时间是 $O(n^3)$，并返回一棵键为$\{1, 2,\cdots, n\}$的二叉搜索树的最小加权搜索时间。

① 读者能不能想出一种优化方法，避免为每个子问题重新计算 $\sum_{k=i}^{i+s} p_k$ ？

② 在式（4.1）的记法中，$f(n)=O(n^2)$，$g(n)=O(n)$，$h(n)=O(1)$。这和我们的第 1 个案例分析一样，此时每个子问题的工作量 $g(n)$并不由一个常数界定。

与其他的案例相似，我们可以通过回溯 OptBST 算法所计算的最终数组 A 重建一棵最优二叉搜索树。[①]

5.2.8 改善运行时间

OptBST 算法的立方级运行时间显然不能用“具有炫目的速度”来形容。第一个好消息是这种算法比对所有的二叉搜索树（数量是指数级的）进行穷举搜索快得多。当 n 的数量是几百时，这种算法的速度仍然称得上快速，能够在一个相对合理的时间内解决问题。但是，当 n 的数量级达到几千时，它就显得力不从心了。第二个好消息是对这个算法进行稍稍调整之后，能够把它的运行时间下降到 $O(n^2)$。[②]对于 n 为几千甚至几万的时候，这个运行速度也足够快，能够在相对合理的时间内解决问题。

5.2.9 小测验 5.4～5.5 的答案

1. 小测验 5.4 的答案

正确答案：（b）。对于第一棵搜索树，“1”对于平均搜索时间的组成是 0.8 ×

---

① 如果 OptBST 算法进行了修改，对用于确定每个子问题的推导公式值（$A[i][i+s] = A[i][r-1]+A[r+1][i+s]$ 这样的 r 值）的根节点进行缓存，重建算法的运行时间可以达到 $O(n)$（读者可以自行验证）。否则，它必须重新计算这些根节点，其运行时间为 $O(n^2)$。

② 算法的调整思路如下。首先，预先计算所有 $\sum_{k=i}^{j} p_k$ 形式的和。这个任务可以在 $O(n^2)$的时间内完成（能明白为什么吗？）。接着，对于每个子问题的解决方案 $A[i][j]$，存储具有最小的 $A[i][r-1]+A[r+1][j]$的根节点选择，或者说存储子问题的最优二叉搜索树的根节点（如果存在多个这样的根节点，就选择最小的那个）。

关键的辅助结论是一种很容易让人信服（但很难证明）的单调属性：在子问题上添加一个新的最大元素只能使最优二叉搜索树的根节点更大（如果添加一个新的最小元素，只会使之更小）。从直觉上说，对根结节点的任何修改都应该对左子树和右子树的键的总频率进行重新平衡。

根据这个辅助结论的假设，即对于每个符合 $i<j$ 的子问题，最优的根节点 $r(i,j)$最小为 $r(i,j-1)$，最大为 $r(i+1,j)$（如果 $i=j$，则 $r(i,j)$必然是 i）。因此，对 i 和 j 之间的所有根节点进行穷举搜索是没有意义的，只要检查 $r(i,j-1)$和 $r(i+1,j)$之间的根节点就足够了。在最坏情况下，最多存在 n 个这样的根节点。但是，对所有 $\Theta(n^2)$个子问题进行聚合之后，需要检查的根节点数量是 $\sum_{i=1}^{n-1}\sum_{j=i+1}^{n}(r(i+1,j)-r(i,j-1)+1)$，它经过约简之后只有 $O(n^2)$（读者可以自行验证）。关于这方面的更多细节，可以参阅 Donald E. Knuth 的论文“Optimum Binary Search Tress”（最优二叉搜索树，*Acta Informatica*，1971）。

$2 = 1.6$（因为它的频率是0.8且搜索时间为2），“2”的组成是 $0.1\times 1 = 0.1$，“3”的组成是 $0.1\times 2 = 0.2$，总共的搜索时间是 $1.6 + 0.1 + 0.2 = 1.9$。

第二棵搜索树具有更大的最长搜索时间（是3而不是2），但搜索结果是根节点这种幸运情况的机会却增加了许多。“1”现在对于平均搜索时间的组成是 $0.8\times 1 = 0.8$，“2”的组成是 $0.1\times 2 = 0.2$，“3”的组成是 $0.1\times 3 = 0.3$，总共的搜索时间是 $0.8 + 0.2 + 0.3 = 1.3$。

2. 小测验5.5的答案

正确答案：（d）。我们在设计动态规划算法时的想法是让它遍历根节点的所有可能性，递归地计算或查找每种可能性的最优左子树和最优右子树。除非我们能够保证一棵最优二叉搜索树的左右子树分别是各自子问题的最优解决方案，否则这种策略是看不到希望的。因此，为了让这种方法获得成功，答案必然是（c）或（d）。而且，根据搜索树的属性，知道了根节点 r 之后，我们也就知道了它的左右子树的情况，小于 r 的键都属于根节点的左子树，大于 r 的键都属于根节点的右子树。

5.3 本章要点

- 在序列对齐问题中，问题的输入包括两个字符串，并且每个空位和每处不匹配都有相应的扣分值。这个问题的目标是计算这两个字符串具有最低扣分值的对齐方式。
- 序列对齐问题可以使用动态规划算法在 $O(mn)$ 时间内解决，其中 m 和 n 表示两个输入字符串的长度。
- 子问题对应于两个输入字符串的前驱部分。从更小子问题的解决方案构建最优解决方案有3种不同的方式，因此推导公式分为3种情况。
- 在最优二叉搜索树问题中，输入是 n 个键以及它们的非负频率的集合，它的目标是计算一棵包含这些键的二叉搜索树，它具有最小的加权搜索时间。

- 最优二叉搜索树问题可以使用动态规划算法在 $O(n^3)$时间内解决，其中 n 表示键的数量。对算法稍做调整可以使它的运行时间减少到 $O(n^2)$。
- 子问题对应于输入键的连续子集。从更小子问题的解决方案构建最优子问题的方式有 n 种，因此推导公式中存在 n 种情况。

5.4 章末习题

问题 5.1（S） 对于小测验 5.1 的序列对齐问题，第 5.1 节的 NW 算法的最终数组项是什么？

问题 5.2（H） 第 4.5 节的背包问题算法和第 5.1 节的 NW 算法都使用双重的 for 循环填充一个二维数组。假设我们反转这两个 for 循环的顺序，也就是把第二个循环放在第一个循环的前面，伪码的其他方面都不做任何修改。修改之后算法的定义是否依然良好并且仍然是正确的？

（a）在反转了 for 循环的顺序之后，这两个算法都不再具有良好的定义，并且也不再正确

（b）在反转了 for 循环的顺序之后，这两个算法都具有良好的定义并且仍然是正确的

（c）在反转了 for 循环的顺序之后，背包问题算法仍然具有良好的定义并且仍然是正确的，但 NW 算法并非如此

（d）在反转了 for 循环的顺序之后，NW 算法仍然具有良好的定义并且仍然是正确的，但背包问题算法并非如此

问题 5.3（S） 下面这些问题接收两个输入字符串 X 和 Y，其长度分别为 m 和 n，其中的字符均来自字母表 Σ。下面哪些问题可以在 $O(mn)$时间内解决（选择所有正确的答案）？

（a）考虑序列对齐问题的一种变型，单个空位的扣分不再是 α_{gap}，而是用两个正数 a 和 b 表示。现在，在一行中插入 k 个空位的扣分被定义为 $ak + b$ 而不是

$k \cdot \alpha_{gap}$。其他扣分（两个符号之间的匹配）的定义仍然和以前一样。这个问题的目标是在这种新的扣分模型下计算一种对齐方式的最小扣分值

（b）计算 X 和 Y 的最长公共子序列（子序列并不需要由连续的符号组成。例如，“abcdef”和“afebcd”的最长公共子序列是“abcd”）[1]

（c）假设 X 和 Y 具有相同的长度 n。判断是否存在一个由连续符号所组成的排列 f，把每个 $i \in \{1, 2, \cdots, n\}$ 映射到一个各不相同的值 $f(i) \in \{1, 2, \cdots, n\}$，使得对于每个 $i = 1, 2, \cdots, n$，满足 $X_i = Y_{f(i)}$。

（d）计算 X 和 Y 的一个最长公共子字符串的长度（子字符串是由连续的符号所组成的子序列。例如，“bcd”是“abcdef”的一个子字符串，而“bdf”则不是）

问题 5.4（S）　考虑键集 $\{1, 2, \cdots, 7\}$ 并且频率如图 5.16 所示的最优二叉搜索树的一个实例。

键	频率/%
1	20
2	5
3	17
4	10
5	20
6	3
7	25

图 5.16　键的频率

第 5.2 节的 OptBST 算法所生成的最终数据项是什么？

问题 5.5（H）　回顾第 4.2 节的 WIS 算法、第 5.1 节的 NW 算法和第 5.2 节的 OptBST 算法。这些算法的空间需求分别与子问题的数量 $\Theta(n)$（n 是顶点的数量）、$\Theta(mn)$（m 和 n 是输入字符串的长度）和 $\Theta(n^2)$（n 是键的数量）成正比。

假设我们只想计算一个最优解决方案的值，并不关注重建过程。这 3 种算法真正所需要的空间分别是什么？

（a）$\Theta(1)$、$\Theta(1)$ 和 $\Theta(n)$

① 最长公共子序列问题的动态规划算法建立在 UNIX 和 Git 用户所熟悉的 diff 命令的基础上。

（b）$\Theta(1)$、$\Theta(n)$和 $\Theta(n)$

（c）$\Theta(1)$、$\Theta(n)$和 $\Theta(n^2)$

（d）$\Theta(n)$、$\Theta(n)$和 $\Theta(n^2)$

挑战题

问题 5.6（H） 在序列对齐问题中，假设我们知道输入字符串相对较小，意思是最优对齐方式最多使用 n 个空位，其中 k 要比字符串的长度 m 和 n 小很多。设法在 $O((m+n)k)$的时间内计算 NW 积分。

问题 5.7（H） 俄罗斯方块共为 7 种不同类型的方块。设计一种动态规划算法，在每种方块分别有 $x_1, x_2,\cdots, x_7$ 份副本的情况下，判断是否可以用这些方块铺成一个 10×10 的棋盘（这些方块的放置方式和放置地点可以随自己而定，不需要按照俄罗斯方块的顺序）。这个算法的运行时间应该是 n 的某个二项式。

编程题

问题 5.8 用自己最擅长的编程语言实现 NW 算法和 OptBST 算法以及它们的重建算法。

第 6 章

再论最短路径算法

本章集中讨论两种著名的用于计算图的最短路径的动态规划算法。和 Dijkstra 的最短路径算法（在卷 2 的第 3 章讨论，与第 3.2～3.4 节的 Prim 算法相似）相比，它们的速度要慢一些，但适用范围更加广泛。

Bellman-Ford 算法（第 6.2 节）可以解决边长可能为负的单源最短路径问题。和 Dijkstra 算法相比，它还有一个优点就是“更分散”，因此它深深地影响了 Internet 的路由方式。Floyd-Warshall 算法（第 6.4 节）也能适应边长为负的情况，它可以计算从每个原点到每个目的地的最短路径长度。

6.1 边长可能为负的最短路径

6.1.1 单源最短路径问题

在单源最短路径问题中，输入由有向图 $G=(V, E)$、每条边 $e\in E$ 的实数值边长 ℓ_e 和一个指定的原点 $s\in V$ 所组成，这个原点又称源顶点或起始顶点。路径的长度就是组成这条路径的各条边的长度之和。最短路径算法的目的就是对于每个可能的目标顶点 v，计算出有向图 G 中从 s 到 v 的最短路径长度 $\text{dist}(s, v)$（如果不存在这样的路径，$\text{dist}(s, v)$被定义为$+\infty$）。例如，在图 6.1 所示的示例中，最短路径分别是 $\text{dist}(s,s) = 0$、$\text{dist}(s,v) = 1$、$\text{dist}(s,w) = 3$ 和 $\text{dist}(s,t) = 6$。

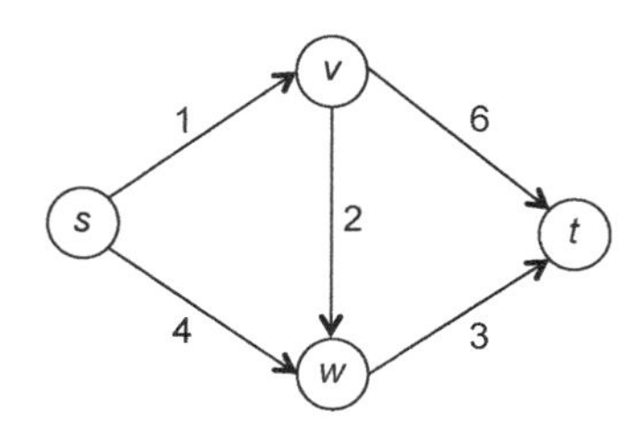

图 6.1 示例 1

问题：单源最短路径（初步版本）

输入： 有向图 $G=(V, E)$、源顶点 $s \in V$ 以及每条边 $e \in E$ 的实数值边长 ℓ_e。[①]

输出： 每个顶点 $v \in V$ 的最短路径长度 $\text{dist}(s, v)$。

例如，如果每条边 e 的长度都是单位长度 $\ell_e = 1$，最短路径就可以简化为源顶点和目标顶点之间边的数量。[②]或者，如果输入图表示一个道路网并且每条边的长度表示从一个端点到另一个端点的预期行驶时间，它的单源最短路径问题就是计算从源顶点到每个可能的目的地的行驶时间。

读者在本系列图书卷 2 学习了一种具有“炫目”速度的 Dijkstra 算法，其适用于每条边的长度 ℓ_e 均为非负值这种特殊情况的单源最短路径问题。[③]Dijkstra 算法非常优秀，但对于边长可能为负的图，它的结果并不总是正确的。即使是图 6.2 所示的简单问题，它也会得出错误的结果。

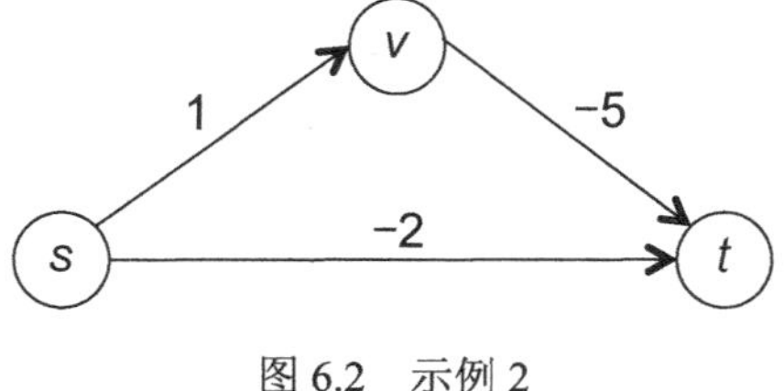

图 6.2 示例 2

如果我们想要解决边长可能为负的最短路径问题，就需要一种新的算法。[④]

---

① 和最小生成树问题一样，我们可以假设输入图中不存在平行边。如果同一对顶点之间存在多条边，我们可以只保留长度最短的那条边并忽略其余的边，这样并不会改变原来的问题。

② 这种特殊的单源最短路径问题可以使用宽度优先的搜索在线性时间内完成。参见卷 2 的第 2.2 节。

③ 与 Prim 算法（第 3.3 节）类似，基于堆的 Dijkstra 算法实现的运行时间是 $O((m+n)\log n)$，其中 m 和 n 分别表示输入图中边和顶点的数量。

④ 我们不能在边长可正可负的单源最短路径问题中通过把每条边的边长加上一个较大的正常数，把它简化为边长不为负的特殊情况。在图 6.2 所示的 3 顶点例子中，把每条边的边长加上 5 会导致最短路径从 $s \to v \to t$ 变成 $s \to t$。

6.1.2 负环

为什么需要关注边长为负的情况呢？在许多应用中，例如计算行驶路线等，边的长度自然是非负的，因此不需要担心这个问题。

但是，图中的路径也可以表示抽象的决策序列。例如，我们可能想要计算涉及买入和卖出的金融交易的一个收益序列。这个问题对应于在图中找出一条边长可正可负的最短路径。

如果边长可能为负，那么我们必须非常仔细地弄清“最短路径长度”的含义。在图 6.2 所示的 3 顶点的例子中，很显然 dist $(s,s)=0$、dist $(s,v)=1$ 和 dist $(s,t)=-2$。那么，图 6.3 又表示什么情况呢？

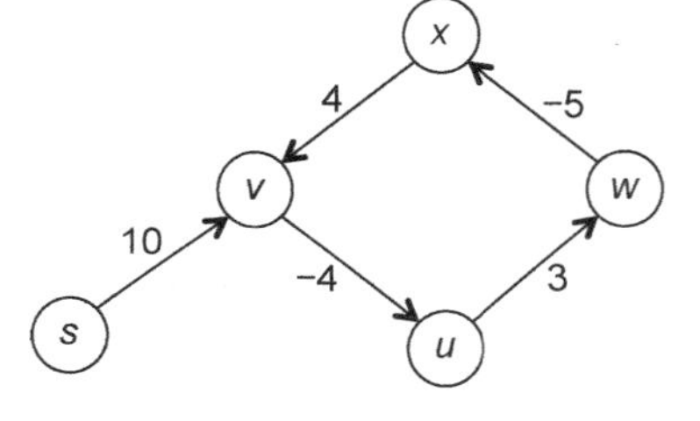

图 6.3 示例 3

问题在于图中存在一个负环，意思是一个有向环的各边长度之和为负数。在这种情况下，“最短的 s - v 路径”的含义是什么呢？

选项 1：允许环路。第一个选项就是允许 s - v 路径包含一个或多个环路。但是，由于存在负环，“最短路径”甚至就不存在！例如，在图 6.3 中，有一条长度为 10 的单跳的 s - v 路径。到了终点，再绕环路一周产生了一条总长度为 8 的 5 跳 s - v 路径。再绕环路一周把路径的跳跃数量增加到 9，但是总长度却减少到 6。这个方法可以无止境地继续。因此，这个图中不存在最短的 s - v 路径，dist (s, v)的唯一合理定义就是$-\infty$。

选项 2：禁止环路。如果我们只考虑无环路径又会怎么样呢？由于不允许重复的顶点，因此我们只需要关注有限数量的路径。所谓“最短的 s - v 路径”，就是那条具有最短长度的路径。这个定义看上去非常合理，但存在一个极为微妙的问题：存在负环时，这个版本的单源最短路径问题就成了所谓的“NP 问题”。本系列图书的卷 4 将详细讨论这类问题。现在，我们只需要知道 NP 问题与我们在本系列图书目前为止所研究的几乎所有问题都不相同，它不认为任何算法能够保证其正确性，也不保证能在多项式时间内完成。[①]

① 更精确地说，任何用于解决 NP 问题的多项式时间的算法都会否认著名的“$P \neq NP$”猜想，并因此解决很可能是所有的计算机科学领域中最重要的开放问题。欲知详情，可阅读本系列图书的卷 4。

这两个选项都会产生灾难性的后果，因此我们是不是应该就此放弃？绝不！即使我们认可负环是存在问题的，但我们可以通过观察不存在负环的实例来激发解决单源最短路径问题的灵感，例如前文的3顶点例子。这就产生了单源最短路径问题的修订版本。

问题：单源最短路径（修订版本）

输入： 有向图 $G=(V, E)$、源顶点 $s \in V$ 以及每条边 $e \in E$ 的实数值边长 ℓ_e。①

输出： 下列之一。

（1）每个顶点 $v \in V$ 的最短路径长度 dist (s, v)。

（2）声明 G 包含了负环。

因此，我们寻求一种算法，它要么计算出正确的最短路径长度，要么为失败提供一个“理直气壮”的借口（以负环的形式）。任何这样的算法对于不包含负环的输入图都能返回正确的最短路径长度。②

假设输入图中不存在负环，这会给我们带来什么呢？

小测验 6.1

考虑一个具有 n 个顶点、m 条边、源顶点为 s 并且没有负环的单源最短路径问题的实例。下面哪种说法是正确的（选择最正确的答案）？

（a）对于可以从源顶点 s 到达的每个顶点 v，存在一条最短的 s-v 路径，它最多包含 $n-1$ 条边

（b）对于可以从源顶点 s 到达的每个顶点 v，存在一条最短的 s-v 路径，它最多包含 n 条边

① 和最小生成树问题一样，我们可以假设输入图不存在平行边。如果同一对起始顶点之间存在多条边，我们可以只保留长度最短的那条边并忽略其余的边，这样并不会改变原来的问题。

② 例如，假设输入图的边和它们的长度表示金融交易以及它们的成本，而顶点对应于不同的资产组合。在这种情况下，负环对应于一次任意的机会。在许多情况下并不存在这样的机会。如果存在这样的机会，我们会很高兴地确认它的存在。

(c) 对于可以从源顶点 s 到达的每个顶点 v，存在一条最短的 s - v 路径，它最多包含 m 条边

(d) 在最短的 s - v 路径中，它所包含的最少数量的边数并不存在一个确定的上界（作为 n 和 m 的函数）

（关于正确答案和详细解释，参见第 6.1.3 节。）

6.1.3 小测验 6.1 的答案

正确答案：(a)。如果给出源顶点 s 和某个目标顶点 v 之间一条至少包含 n 条边的路径 P，我们马上可以给出边数少于 P 且长度不大于 P 的另一条 s - v 路径 P'。这个论断意味着任何 s - v 路径都可以转换为一条最多只包含 $n-1$ 条边并且只会更短的 s - v 路径。因此，最短的 s - v 路径最多包含 $n-1$ 条边。

为了理解这个论断为什么是正确的，可以观察一条至少包含 n 条边的路径 P，它访问了至少 $n+1$ 个顶点，因此肯定重复访问了某个顶点 w。[①]剪除对 w 的连续访问之间的环形子路径将产生一条路径 P'，它的端点与 P 相同，但边数要少于 P。读者可以参考图 3.2 和第 3.1.2 节的脚注②。P'的长度等于 P 的长度减去被剪除的那个环的各边长度之和。由于输入图中不存在负环，因此这个环的各边之和是非负的，因此 P' 的长度小于或等于 P 的长度。

6.2 Bellman-Ford 算法

Bellman-Ford 算法能够解决边长可能为负的图的单源最短路径问题，它要么计算出正确的最短路径长度，要么正确地判断出输入图中包含了负环。[②]这个算

---

① 这相当于“鸽笼原则”：不管采用什么方法把 $n+1$ 只鸽子装在 n 个笼子里，肯定有一个笼子里至少装着两只鸽子。

② 这个算法是在 20 世纪 50 年代中期由许多人独立地发现的，其中包括 Richard E. Bellman 和 Lester R. Ford, Jr。不过 Alfonso Shimbel 似乎是第一个发现该算法的。对这段历史感兴趣的读者可以参阅论文“On the History of the Shortest Path Problem”（有关最短路径问题的历史，2012）。

法很自然地遵循了我们在其他动态规划案例中所使用的设计模式。

6.2.1 子问题

在动态规划中，最重要的步骤是理解从更小子问题的解决方案构建最优解决方案的不同方法。对于和图有关的问题，确定怎样正确地衡量子问题的大小并非易事。我们首先想到的是子问题应该对应于原输入图的子图，子问题的大小就等于子图中顶点或边的数量。这个思路对于路径图的 WIS 问题（第 4.2 节）非常适用，因为路径图中的顶点在本质上是有序的，把注意力集中在哪些子图也是一件相对清晰的事情（输入图的前驱图）。但是，对于普通的图而言，顶点或边并不存在内在的顺序，我们也缺乏足够的线索确定哪些子图是应该重点关注的。

Bellman-Ford 算法采取了一种不同的策略，这种策略的灵感来自单源最短路径问题的输出的内在线性本质（路径）。从直觉上说，我们会期望一条最短路径 P 的前驱路径 P'本身也是一条最短路径，只不过目标顶点不一样，如图 6.4 所示。

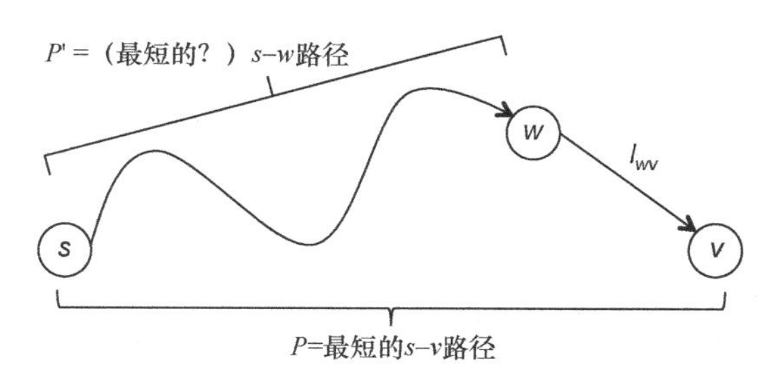

图 6.4 最短路径问题

但就算这是真的（我们将会看到确实如此），解决一个更小子问题的前驱图 P' 又如何用来解决原路径 P 呢？当存在负的边长时，P'的长度可能比 P 更长。我们只知道 P'所包含的边数少于 P，这也是 Bellman-Ford 算法的灵感来源：引入一个跳跃计数参数 i，人为地限制一条路径所允许的边的数量，“较大的”子问题具有较大的边预算，即 i。然后，一条前驱路径就可以真的看成一个更小子问题的解决方案。

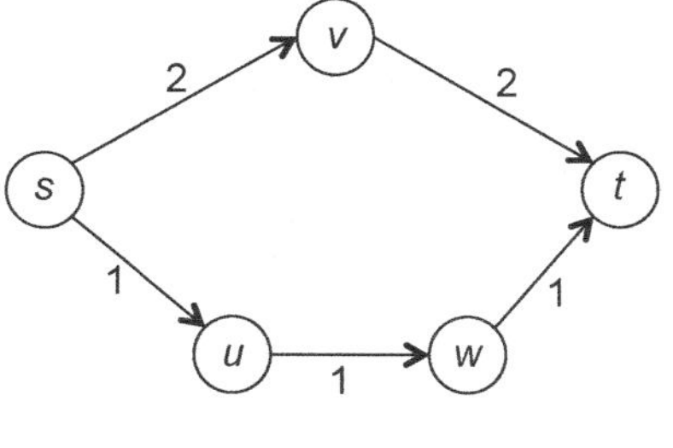

图 6.5 示例 4

例如，考虑图 6.5 所示的示例，对于目标

顶点 t，子问题对应于边预算 i 的后续值。当 i 是 0 或 1 时，就不存在边数为 i 或更小的 s - t 路径，对应的子问题也就不存在解决方案。受到这个跳跃计数限制的最短路径就相当于+∞。当 i 为 2 时，就存在一条唯一的最多包含 i 条边的 s - t 路径（$s \rightarrow v \rightarrow t$），这个子问题的值就是 4。如果我们把 i 增加到 3（或更多），$s \rightarrow u \rightarrow w \rightarrow t$ 这条路径就变得可行，最短路径长度从 4 变成了 3。

Bellman-Ford 算法：子问题

计算 $L_{i,v}$，也就是 G 中从 s 到 v 最多包含 i 条边的最短路径的长度，允许存在环路（如果不存在这样的路径，就把 $L_{i,v}$ 定义为+∞。对于每个 $i \in \{0,1,2,\cdots\}$ 且 $v \in V$）。

包含环路的路径允许作为子问题的解决方案。如果一条路径多次使用了一条边，那么每次使用都会用掉一个边预算。最优解决方案可能会不断地遍历一个负环，但最终会耗尽自己的边预算（这是有限的）。对于一个固定的目标顶点 v，所允许的路径集合随着 i 的增大而增大。因此随着 i 的增大，$L_{i,v}$ 只会变小。

与以前的动态规划案例不同，这里每个子问题都是对完整的输入（而不是输入的一个前驱或一个子集）进行操作。这些子问题的精髓就在于它们是如何控制输出允许的大小的。

如上所述，参数 i 可以是一个任意大的正整数，子问题的数量也因此可以是无限多的。小测验 6.1 的解决方案提示了并不是所有的子问题都是重要的。简而言之，对于 i 大于顶点数量 n 的子问题，我们没有理由去关注，这意味着一共存在 $O(n^2)$个相关的子问题。[①]

6.2.2 最优子结构

选择了子问题之后，现在我们就可以研究如何根据更小子问题的最优解决方案来构建原问题的最优解决方案。考虑输入图 $G=(V,E)$，源顶点 $s \in V$ 和已确定的子问题，子问题由目标顶点 $v \in V$ 并且跳跃计数参数 $i \in \{1, 2, 3,\cdots\}$ 定义。假设

---

① 如果觉得子问题的数量太多了，不要忘了单源最短路径问题确实是一个问题中包含了 n 个不同的问题（每个目标顶点都有一个问题）。在输出中的每个值只有一个线性数量的子问题，这和其他动态规划问题相比至少不差，甚至更好。

P 是一条最多包含 i 条边的 s - v 路径，而且是这类路径中最短的一条。它看上去肯定是什么样子的？如果 P 甚至还没有用完它的边预算，那么答案非常简单。

情况 1：P 具有 $i-1$ 条或更少的边。在这种情况下，路径 P 立即就可以看成边预算为 $i-1$ 的更小子问题（目标顶点仍然是 v）的解决方案。路径 P 肯定是这个更小子问题的最优解决方案，因为任何最多 $i-1$ 条边的最短 s - v 路径也会是原子问题的更优解决方案，这就与 P 是最优解决方案的假设相悖。

如果路径 P 用了完全的边预算，我们将遵循以前的案例的模式，从 P 中剥除最后一条边，得到一个更小子问题的解决方案。

情况 2：P 包含了 i 条边。设 L 为 P 的长度，P'表示 P 的前 $i-1$ 条边，并且 (w, v)是它的最后一次跳跃，如图 6.6 所示。

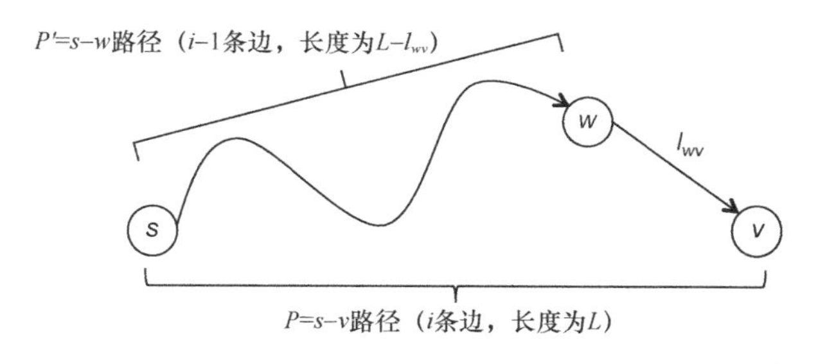

图 6.6 路径 P 的情况 2

前驱路径 P'是一条最多包含 $i-1$ 条边并且长度为 $L-\ell_{wv}$ 的 s - w 路径。[①]不可能存在一条这样的更短路径：如果 P^*是一条最多包含 $i-1$ 条边的 s - w 路径，并且它的长度 $L^*<L-\ell_{wv}$，把边(w, v)添加到 P^*中将产生一条最多包含 i 条边的 s - v 路径，它的长度是 $L^*+\ell_{wv}<(L-\ell_{wv})+\ell_{wv}=L$，这就与 P 是原问题的最优解决方案的假设相悖。[②]

这种情况分析把子问题的最优解决方案的可能性缩小为少数几个候选者。

辅助结论 6.1（Bellman-Ford 的最优子结构）设 $G=(V,E)$是一个有向图，边

① 路径 P'正好具有 $i-1$ 条边。但是，我们想要确立它对所有具有竞争力的最多包含 $i-1$ 条边的 $s-w$ 路径的优势。

② 如果 P 已经包含了顶点 v，它加上(w, v)这条边将会形成一个环。这对于证明并不是什么问题，因为我们的子问题定义允许路径中存在环路。

的长度为实数值，源顶点 $s \in V$。假设 $i \geqslant 1$ 且 $v \in V$，并设 P 是 G 中最多包含 i 条边的最短 s - v 路径，路径中允许环路。那么，P 必定是下面两者之一：

（a）最多包含 $i-1$ 条边的最短 s - v 路径；

（b）对于有些 $w \in V$，最多包含 $i-1$ 条边的最短 s - w 路径加上边 $(w,v) \in E$。

这样就只剩下两个候选者，对吗？

小测验 6.2

目标顶点为 v 的子问题的最优解决方案存在多少个候选者呢（设 n 表示输入图的顶点数量。顶点的入度和出度分别表示发射边和入射边的数量）？

（a）2

（b）$1+v$ 的入度

（c）$1+v$ 的出度

（d）n

（关于正确答案和详细解释，参见第 6.2.9 节。）

6.2.3 推导公式

和往常一样，接下来的步骤是根据我们对最优子结构的理解产生一个推导公式，然后对最优解决方案的可能候选者实现穷举搜索。辅助结论 6.1 所确认的候选者中最优的那个肯定就是最优解决方案。

推论 6.1（Bellman-Ford 推导公式）根据辅助结论 6.1 的前提和概念，设 $L_{i,v}$ 表示一条最多包含 i 条边的 s - v 路径的最短长度（允许存在环路）。如果不存在这样的路径，$L_{i,v}=+\infty$。对于每个 $i \geqslant 1$ 和 $v \in V$，存在

$$L_{i,v} = \min \begin{cases} L_{i-1,v} & \text{情况1} \\ \min_{(w,v)\in E}\{L_{i-1,w} + \ell_{wv}\} & \text{情况2} \end{cases} \tag{6.1}$$

推导公式外层的“min”实现了对情况 1 和情况 2 进行穷举搜索。内层的“min”实现了对情况 2 内部一条最短路径的最后一次跳跃的所有可能情况的穷举搜索。

如果 $L_{i-1,v}$ 和所有相关的 $L_{i-1,w}$ 都是$+\infty$，我们就无法通过 i 次或更少次的跳跃从 s 到达 v，此时推导公式的计算结果是 $L_{i,v}=+\infty$。

6.2.4 什么时候应该停止

现在，有了相当多的动态规划经验之后，我们对推论 6.1 的推导公式的条件反射是写下一个动态规划算法，按照系统的方式反复用它解决每个子问题。大致可以猜测，这个算法首先解决最小的子问题（边预算 $i=0$），然后解决次小的子问题（$i=1$），接下来以此类推。但这里存在一个小问题：在第 6.2.1 节所定义的子问题中，边预算 i 可以是任意大的正整数，这意味着子问题的数量可能是无限的。我们怎样才能知道应该在什么时候停止呢？

良好的停止标准大致如下：一批特定子问题的解决方案具有固定的边预算 i，并且 v 的范围包括了所有可能的目标顶点，并且只依赖于此前的一批子问题（边预算为 $i-1$）的解决方案。

因此，如果一批子问题的最优解决方案正好与前一批子问题相同（对于任何目标顶点，推导公式的第 1 种情况都是优胜者），那么这些解决方案对于后面批次的子问题也是最优解决方案。

辅助结论 6.2（Bellman-Ford 的停止标准）根据推论 6.1 的前提和概念，如果对于某个 $k\geqslant 0$，对于每个目标顶点都满足 $L_{k+1,v}=L_{k,v}$，则：

（a）对于每个 $i\geqslant k$ 和目标顶点 v，均有 $L_{i,v}=L_{k,v}$；

（b）对于每个目标顶点 v，$L_{k,v}$ 是 G 中从 s 到 v 的最短路径的长度 dist (s,v)。

证明：根据假设，在 $k+2$ 批子问题中（$L_{k+1,v}$ 的子问题），式（6.1）的输入与第 $k+1$ 批子问题（$L_{k,v}$ 的子问题）的输入相同。因此，这个推导公式对于 $L_{k+2,v}$ 的输出仍然与前一批子问题 $L_{k+1,v}$ 的输出相同。多次重复这个过程，能够证明对于所有的批次 $i\geqslant k$，$L_{i,v}$ 都保持相同。这就证明了辅助结论 6.2（a）的部分结论。

至于辅助结论 6.2（b）部分，假设对于某个目标顶点 v，$L_{k,v}\neq$ dist (s,v)这个相反结论成立。由于 $L_{k,v}$ 是最多为 k 次跳跃的最短 s-v 路径的长度，因此肯定存在一条 s-v 路径，它的跳跃数 $i>k$ 且长度小于 $L_{k,v}$。但是这样就得出了 $L_{i,v}\leqslant L_{k,v}$，从而与辅助结论 6.2（a）部分的结论相悖。**证毕**。

辅助结论 6.2 表明一旦子问题的解决方案保持稳定时就停止算法是安全的，即对于某个 $k\geqslant 0$ 且所有的 $v\in V$，满足 $L_{k+1,v}=L_{k,v}$。但这种情况总会出现吗？在一般情况下，不会。但是，如果输入图不包含负环，当 i 到达顶点数量 n 时，子问题解决方案保证会保持稳定。

辅助结论 6.3（不包含负环的 Bellman-Ford 算法）根据推论 6.1 的假设和概念，并假设输入图 G 不包含负环，则对于每个目标顶点 v，均有 $L_{n,v}=L_{n-1,v}$。其中，n 是输入图的顶点数量。

证明：小测验 6.1 的答案提示了对于每个目标顶点 v，存在一条最多包含 $n-1$ 条边的最短 s - v 路径。换句话说，把边预算 i 从 $n-1$ 增加到 n（或者某个更大的数字）对 s - v 路径的最短长度并不会产生影响。**证毕**。

辅助结论 6.3 说明如果输入图中没有负环，子问题的解决方案在边预算达到 n 时会保持稳定。或者换种说法：如果子问题的解决方案在边预算达到 n 时仍然无法保持稳定，则输入图中肯定存在负环。

辅助结论 6.2 和辅助结论 6.3 一前一后，告诉我们需要关注的是最后一批子问题，即 $i=n$ 的那批子问题。如果子问题的解决方案保持稳定（对于所有的 $v\in V$，满足 $L_{n,v}=L_{n-1,v}$），辅助结论 6.2 就说明了 $L_{n-1,v}$ 的长度是正确的最短路径长度。如果子问题的解决方案无法保持稳定（对于某个 $v\in V$，$L_{n,v}\neq L_{n-1,v}$），辅助结论 6.3 的逆否命题表明了输入图 G 中存在负环，算法在计算最短路径长度时已经知道怎样处理这种情况。（读者可以回顾第 6.1.2 节的问题定义。）

6.2.5 伪码

现在，Bellman-Ford 算法就实现自洽了：使用推论 6.1 的推导公式系统地解决所有的子问题，直到边预算 $i=n$。

Bellman-Ford 算法

输入：邻接列表形式的有向图 $G=(V,E)$，源顶点 $s\in V$，并且每条边 $e\in E$ 具有实数值的边长 ℓ_e。

输出： 每个顶点 $v \in V$ 的 dist (s, v)，或者宣布 G 包含了负环。

```
// 子问题（i 的索引从 0 开始，v 对 V 中的顶点进行索引）
A := (n + 1) × n //二维数组
// 基本情况（i = 0）
A[0][s] := 0
for each v ≠ s do
    A[0][v] := +∞
// 系统地解决所有的子问题
for i = 1 to n do          // 子问题的大小
    stable := TRUE             // 早早停止
    for v ∈ V do
        // 使用推论 6.1 的推导公式
        A[i][v] :=
         min{A[i-1][v], min_{(w,v)∈E}{A[i-1][w]+ℓ_wv}}
             (情况1)        (情况2)
        if A[i][v] ≠ A[i-1][v] then
            stable := FALSE
    if stable = TRUE then //由辅助结论 6.2 得出
        return {A[i - 1][v]} v∈V
// 在 n 次迭代之后无法保持稳定
return "negative cycle" // 辅助结论 6.3 的校正结果
```

双重 for 循环反映了用于定义子问题的两个参数，即边预算 i 和目标顶点 v。当循环的某一次迭代必须计算子问题解决方案 $A[i][v]$时，$A[i-1][v]$或 $A[i-1][w]$ 形式的所有值都已经在外层 for 循环的某次迭代中（或者作为基本情况）计算完成，并可以在常数级的时间内被读取。

对 i 所进行的归纳过程说明了 Bellman-Ford 算法能够正确地解决每个子问题，$A[i][v]$被赋予正确的值 $L_{i,v}$。推论 6.1 的推导公式证实了归纳步骤。如果子问题的解决方案保持稳定，算法就返回正确的最短路径长度（根据辅助结论 6.2）；如果不能保持稳定，算法就正确地宣布输入图中存在负环（根据辅助结论 6.3）。

6.2.6 Bellman-Ford 算法的例子

关于 Bellman-Ford 算法的实际例子，可以观察图 6.7。

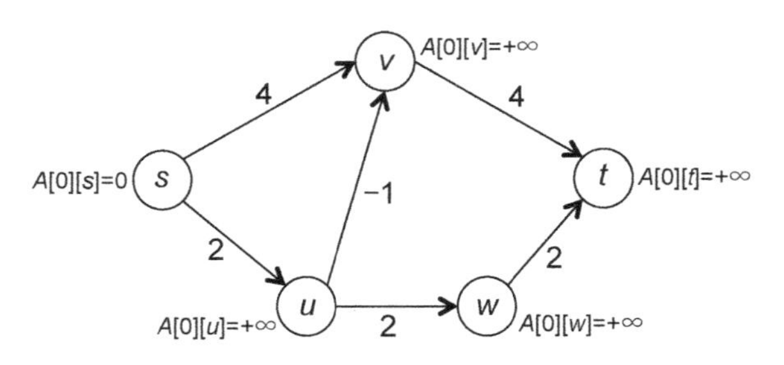

图 6.7 Bellman-Ford 算法的实际例子

顶点的标签是第 1 批子问题（$i=0$）的解决方案。

算法的每次迭代通过使用以前的迭代所计算的值，来计算每个顶点的推导公式即式（6.1）的值。在第 1 次迭代中，推导公式在顶点 s 处所计算的值为 0（s 没有入射边，因此推导公式的第 2 种情况是无意义的），在 u 处所计算的值是 2（因为 $A[0][s]+\ell_{su}=2$），在 v 处所计算的值是 4（因为 $A[0][s]+\ell_{su}=4$），在 w 处所计算的值是+∞（因为 $A[0][u]$和 $A[0][v]$都是+∞），如图 6.8 所示。

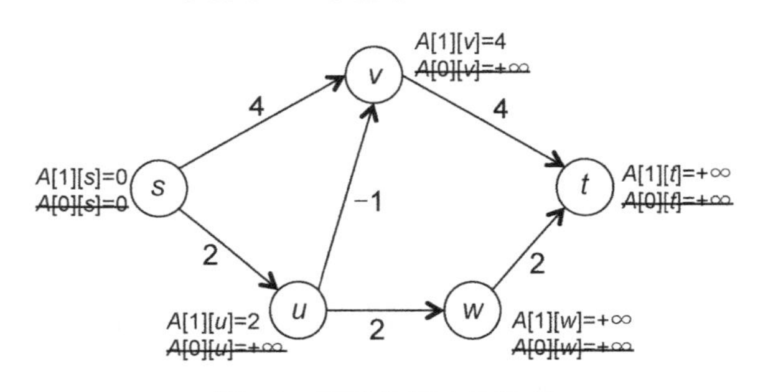

图 6.8 算法的第 1 次迭代

在下一次迭代中，s 和 u 都继承了前一次迭代的解决方案。v 处的值从 4（对应于单次跳跃的路径 $s\to v$）降到了 1（对应于两次跳跃的路径 $s\to u\to v$）。w 和 t 处的新值是 4（因为 $A[1][v]+\ell_{uw}=4$）和 8（因为 $A[1][v]+\ell_{vt}=8$），如图 6.9 所示。

注意，此次迭代中 v 处的最短路径长度的变小并没有立即传递到 t，这个效果在下一次迭代时才显现。

在第 3 次迭代中，t 处的值下降到 5（因为 $A[2][v]+\ell_{vt}=5$，优于 $A[2][t]=8$ 和 $A[2][w]+\ell_{wt}=6$），其他 4 个顶点则继承了前一次迭代的解决方案，如图 6.10 所示。

第 4 次迭代没有发生任何变化，如图 6.11 所示。

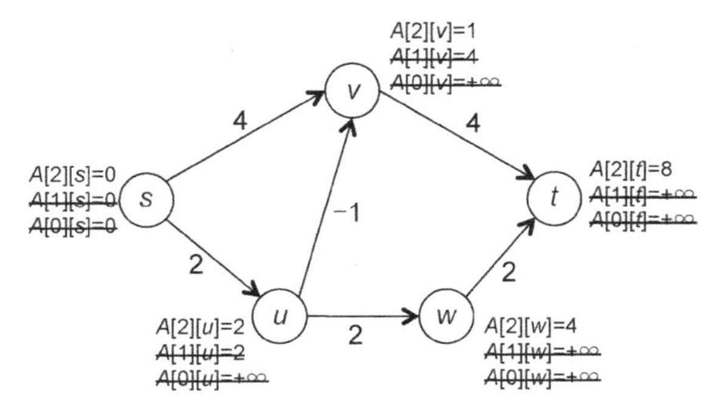

图 6.9 算法的第 2 次迭代

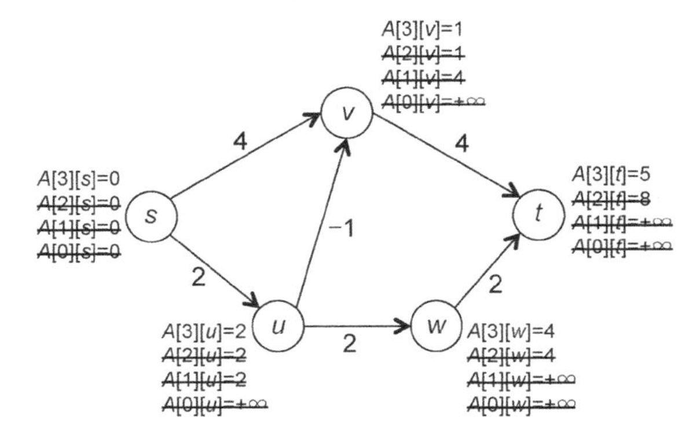

图 6.10 算法的第 3 次迭代

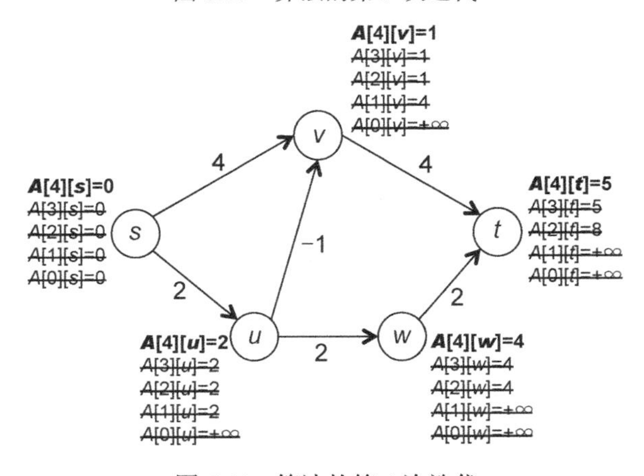

图 6.11 算法的第 4 次迭代

此时算法便停止，并产生正确的最短路径长度。①

① 关于这个算法作用于具有负环的输入图的例子，请参阅问题 6.1。

6.2.7 Bellman-Ford 算法的运行时间

Bellman-Ford 算法的运行时间分析较之以前的其他动态规划算法更为有趣。

小测验 6.3

Bellman-Ford 算法的运行时间作为 m（边的数量）和 n（顶点的数量）的函数是什么样的呢（选择最正确的答案）？

（a）$O(n^2)$

（b）$O(mn)$

（c）$O(n^3)$

（d）$O(mn^2)$

（关于正确答案和详细解释，参见第 6.2.9 节。）

下面我们对 Bellman-Ford 算法的所有信息进行总结。

定理 6.1（Bellman-Ford 算法的属性）对于每个具有 n 个顶点和 m 条边的输入图 $G=(V,E)$，每条边具有实数值的边长并有一个源顶点 s，Bellman-Ford 算法的运行时间是 $O(mn)$并且返回下面之一：

（a）返回 s 到每个目标顶点 $v\in V$ 的最短路径长度；

（b）检测到 G 中存在负环。

和往常一样，我们可以通过 Bellman-Ford 算法所计算的最终数组 A，采用回溯的方法重新构建最短路径。[①]

① 为了方便进行重建，添加一行代码对每个顶点 v 会触发 $A[i][v] := A[i-1][w]+\ell_{wv}$ 形式的第二种情况更新的最近前驱顶点 w 进行缓存是个很好的思路（例如，以第 6.2.6 节的输入图为例，顶点 v 的前驱顶点将被初始化为空，在第一次迭代之后被重置为 s，在第二次迭代之后被重置为 u）。然后，我们可以使用最后一批子问题的前驱顶点，首先从 v 出发，然后沿着前驱顶点链直到 s，从而在 $O(n)$时间内反向重建一条最短的 s - v 路径。

作为额外奖励，由于每一批子问题的解决方案和前驱顶点只取决于前一批子问题的解决方案和前驱顶点，因此向前和重建的处理只需要 $O(n)$的空间（与问题 5.5 类似）。关于这方面的更多细节，可以参阅 algorithmsilluminated 网站的附赠视频。

6.2.8 Internet 路由

Bellman-Ford 算法所解决的问题比 Dijkstra 算法更为普遍（因为它允许边长为负数）。它的第二个优点是相比 Dijkstra 算法更加“分散”。因此，它在 Internet 路由协议的演变中扮演了一个更加突出的角色。[①]使用式（6.1）对顶点 v 进行求值所需要的信息仅包含直接与 v 相连的顶点，即通过边 (w,v) 相连的顶点 w。这就意味着 Bellman-Ford 算法即使对于像 Internet 这样规模的网络图也可能是能够实现的，只要每台计算机只与它的直接邻居进行通信并且只执行本地的计算，对网络上接下来所发生的事情则采取无视的态度。

事实上，Bellman-Ford 算法直接促成了早期的 Internet 路由协议 RIP 和 RIP2，这是我们所知道的算法改变世界的又一个例子。[②]

6.2.9 小测验 6.2～6.3 的答案

1．小测验 6.2 的答案

正确答案：（b）。最优子结构辅助结论即公式（6.1）表示最优解决方案只存在两个候选者，但第二种情况包含了几种子情况，如表示 s - v 路径的一种可能的最终跳跃 (w, v)。可能的最终跳跃是指 v 的入射边。因此，第一种情况具有一个候选者，而第二种情况具有与 v 的入度相同的候选者。在有向图中，这个入度可以高达 $n-1$（没有平行边的情况下），但一般来说要小得多，尤其是在稀疏图中。

2．小测验 6.3 的答案

正确答案：（b）。Bellman-Ford 算法解决了 $(n+1) \cdot n = O(n^2)$ 个不同的子问题，其中 n 表示顶点的数量。如果算法对每个子问题只执行常量级的工作量（例如前

---

① Bellman-Ford 算法的发现时间远早于 Internet 出现在世人眼里的时间，它比 Internet 的前身 ARPANET 的出现还要早 10 年。

② “RIP”表示“路由信息协议”（Routing Information Protocol）。如果读者不想对此一无所知，可以参阅 RFCs 1058 和 2453，它们分别描述了 RIP 和 RIP2 的烦琐细节（“RFC”表示请求评论，它是通过审查和交流对 Internet 标准进行修改的主要机制）。algorithmsilluminated 网站的附赠视频描述了一些与此有关的工程挑战。

文除了 OptBST 之外的所有动态规划算法），它的运行时间也将是 $O(n^2)$。但是，解决目标顶点 v 的子问题可以归结为计算推论 6.1 的推导公式。根据小测验 6.2，它涉及（1 + v 的入度）个候选者的穷举搜索，其中 v 的入度是 v 的入射边的数量。[①] 由于顶点的入度最大可以为 $n-1$，因此每个子问题的运行时间上界将达 $O(n)$，这样总体运行时间上界将达到 $O(n^3)$。

我们可以做得更好。仔细观察算法外层 for 循环的某次特定迭代，对于某个固定的 i 值，内层 for 循环的所有迭代所执行的总工作量与下面这个公式成正比

$$\sum_{v \in V}(1+\text{in-deg}(v)) = n + \underbrace{\sum_{v \in V}\text{in-deg}(v)}_{=m}$$

in-dev(v)表示顶点 0 的入度，也就是有几条边把 v 作为有向边的终点。

入度之和可以用一个更简单的名称 m 来表示，也就是边的数量。为了理解这一点，可以想象在输入图中去掉所有的边，并在以后逐条添加。每添加一条新边使边的总数增加 1，也使（该边箭头所指的）顶点的入度增加 1。

因此，外层 for 循环的每次迭代所执行的总工作量是 $O(m+n)=O(m)$。[②]外层循环最多有 n 次迭代，并且在双重的 for 循环之外所执行的工作量是 $O(n)$，因此总体运行时间上界是 $O(mn)$。在稀疏图中，m 与 n 呈线性或近似线性关系，因此这个时间上界比单纯的 $O(n^3)$要好得多。

6.3 所有顶点对的最短路径问题

6.3.1 问题定义

我们不能仅仅满足于计算单个源顶点的最短路径长度。例如，计算行驶路线

① 假设输入图采用邻接列表形式（具体地说就是有一个入射边数组与每个顶点相关联），这种穷举搜索可以在 1+ v 的入度的线性时间内实现。

② 从理论上说，它假设 m 至少是 n 的常数倍。如果从源顶点 s 可以到达每个顶点 v，情况一般都是这样。读者是否知道如何对算法进行微调，从而在没有这个假设的情况下实现每次迭代的 $O(m)$时间上界？

的算法应该允许任何可能的起点，这就对应于所有顶点对的最短路径问题。我们允许存在负的边长并允许输入图中存在负环。

问题：所有顶点对的最短路径

输入： 具有 n 个顶点和 m 条边的有向图 $G=(V,E)$，每条边 $e\in E$ 具有实数值的边长 ℓ_e。

输出： 下列之一。

（1）每个有序顶点对 $v, w\in V$ 的最短路径长度 $\text{dist}(v, w)$。

（2）声明 G 中包含了负环。

在所有顶点对的最短路径问题中不存在源顶点。在情况（1）中，算法负责输出 n^2 个数。[①]

6.3.2 简化为单源最短路径

如果读者想对问题进行简化，那么可能已经明白如何把自己日益丰富的算法工具箱应用于所有顶点对的最短路径问题。一种很自然的方法是反复调用一个解决单源最短路径问题的子程序（例如 Bellman-Ford 算法）。

小测验 6.4

为了解决所有顶点对的最短路径问题，需要调用多少次单源最短路径子程序？（和之前一样，n 表示顶点的数量。）

（a）1

（b）$n-1$

（c）n

（d）n^2

（关于正确答案和详细解释，参见第 6.3.3 节。）

---

① 所有顶点对的最短路径问题算法的一个重要应用是计算一个二进制关系的传递闭合。这个问题相当于所有顶点对的可到达问题：根据一个有向图，找出图中至少存在一条 v-w 路径的所有顶点对 v, w（也就是这个问题中的最短路径长度的跳跃计数是有限的）。

在小测验 6.4 中植入解决单源最短路径问题的 Bellman-Ford 算法（定理 6.1）使所有顶点对的最短路径问题的时间运行上界为 $O(mn^2)$。[①]

我们可以做得更好吗？在稠密图中，$O(mn^2)$这个运行时间上界确实无法令人满意。例如，如果 $m = \Theta(n^2)$，运行时间就是 n 的 4 次方，这个运行时间是我们到目前为止还没有看到过的，希望以后也不会见到！

6.3.3 小测验 6.4 的答案

正确答案：（c）。调用一次单源最短路径子程序将计算从一个顶点 s 到图中每个顶点的最短路径长度（在所有 n^2 条路径中找出 n 条）。为 s 的 n 个选择均调用一次子程序计算每个可能的源顶点和目标顶点的最短路径长度。[②]

6.4 Floyd-Warshall 算法

本节从头解决所有顶点对的最短路径问题，并讨论动态规划算法设计范例的最后一个案例。最终的结果是另一项伟大的成果，即 Floyd-Warshall 算法。[③]

6.4.1 子问题

图是复杂的对象。为图问题的动态规划解决方案找出正确的子问题集合颇有难度。解决单源最短路径问题的 Bellman-Ford 算法（第 6.2.1 节）的独特思路是一直对最初的输入图进行操作，并对子问题的解决方案所允许的边的数量施加人为的限制。这样，边预算就可以作为子问题大小的衡量指标，一个子问题的最优解决方案的某条前驱路径就可以看成某个更小的子问题（具有相同的源顶点，但

---

① 如果边的长度不为负，Dijkstra 算法可以代替 Bellman-Ford 算法，此时运行时间可以改善为 $O(mn\log n)$。在稀疏图（$m = O(n)$或与之近似）中，这可以实现我们期望的最佳效果（因为仅仅写下输出结果也需要 4 次方的时间）。

② 如果输入图中存在负环，它会被其中一次单源最短路径子程序的调用检测出来。

③ 根据 Robert W. Floyd 和 Stephen Warshall 命名，但 20 世纪 50 年代后期和 20 世纪 60 年代初期还有一些研究人员独立地发现了这个算法。

目标顶点不同）的解决方案。

Floyd-Warshall 算法的思路更向前进了一步，人为地限制允许出现在解决方案中的顶点。为了定义子问题，可以考虑一个输入图 $G=(V,E)$，并称它的顶点为 $1, 2,\cdots, n$（其中 $n=|V|$）。然后，子问题就可以根据顶点的前驱$\{1, 2,\cdots,k\}$进行索引，k 作为子问题大小的衡量指标，另外再加上源顶点 v 和目标顶点 w。

Floyd-Warshall 算法：子问题

对于每个 $k\in\{0,1,2,\cdots,n\}$且 $v, w\in V$，计算 $L_{k,v,w}$，且输入图 G 中一条路径的最小长度满足：

（i）从 v 处开始；

（ii）在 w 处结束；

（iii）只使用$\{1, 2,\cdots,k\}$中的顶点作为内部顶点；①

（iv）不包含有向环。

（如果不存在这样的路径，$L_{k,v,w}$ 就定义为$+\infty$。）

一共有$(n+1)\cdot n\cdot n=O(n^3)$个子问题，它对于 n^2 个输出值的每一个而言都是线性数量。那批最大的子问题（$k=n$）对应于原问题。对于某个固定的起点 v 和目标顶点 w，允许的路径集合随着 k 的增大而增大，因此 $L_{k,v,w}$ 只会随着 k 的增大而减小。

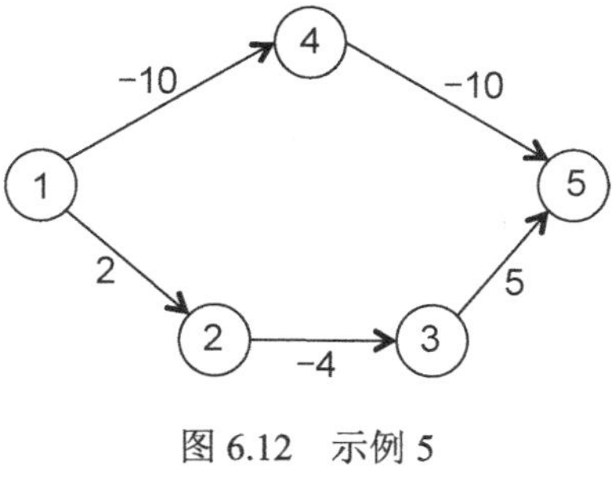

例如，考虑图 6.12，对于起点 1 和目标顶点 5，子问题对应于前驱长度 k 的连续值。当 k 为 0、1 或 2 时，不存在所有内部顶点都在前驱顶点集$\{1, 2,\cdots,k\}$中的从 1 到 5 的路径，因此子问题的解决方案是$+\infty$。当 $k=3$ 时，路径 $1\rightarrow2\rightarrow3\rightarrow5$ 就成为唯一可行的路径，它的长度是 $2+(-4)+5=3$（双跳路径是不合格的，因为它包含了 4 作为内部顶点。三跳路径是合格的，尽管顶点 5 并不属于前驱顶点集$\{1, 2, 3\}$，但它是目标

图 6.12 示例 5

① 一条路径中除了起点和目标顶点之外的其他所有顶点都称为内部顶点。

顶点，可以免除前面的限制）。当 $k=4$（或更大）时，子问题的解决方案就是真正的最短路径 $1 \to 4 \to 5$ 的长度，也就是−20。

在第6.4.2节中，我们将会发现按照这种方式定义子问题所得到的回报，即子问题的最优解决方案只有两个候选者，具体是哪个取决于子问题是否利用了最后一个允许的顶点 k。[①]这就产生了一种为每个子问题只执行 $O(1)$工作量的动态规划算法，这要比 n 次调用Bellman-Ford算法快得多（可以达到 $O(n^3)$，而不是 $O(mn^2)$）。[②]

6.4.2 最优子结构

根据一个顶点标签为1～n 的输入图 $G=(V, E)$，观察一个由源顶点 v、目标顶点 w 和前驱长度 $k \in \{1, 2, \cdots, n\}$所定义的子问题。假设 P 是一条不包含环路的 v-w 路径，并且所有的内部顶点都在$\{1, 2, \cdots, k\}$中，而且是这类路径中最短的一条。这条路径看上去肯定会是什么样子的呢？很显然会是“老调重弹”：最后一个允许的顶点 k 要么出现在 P 的内部顶点中，要么没有。

情况1：顶点 k 并不是 P 的内部顶点。在这种情况下，路径 P 可以看成前驱长度为 $k-1$ 的更小子问题的解决方案，起点仍然是 v，目标顶点仍然是 w。路径 P 肯定是这个更小子问题的最优解决方案，任何更好的解决方案也肯定是原子问题的更好解决方案，因此与前提相悖。

情况2：顶点 k 是 P 的内部顶点。在这种情况下，路径 P 可以看成两个更小子问题的解决方案之和：P 的前驱路径 P_1（从 v 到 k）和 P 的后段路径 P_2（从 k 到 w），如图6.13所示。

顶点 k 在 P 中只出现一次（因为 P 中不存在环路），因此它并不是 P_1 或 P_2 的中间顶点。因此，我们可以把它看成更小子问题的解决方案，它们的起点分别是 v 和 k，目标顶点分别是 k 和 w，并且所有的内部顶点都在$\{1, 2, \cdots, k-1\}$中。[③,④]

---

① 与此形成对比的是，Bellman-Ford算法中子问题的候选解决方案取决于目标顶点的入度（小测验6.2）。

② 忽略 m 远小于 n 的情况，另参见第6.2.9节的脚注③。

③ 这段论述解释了Floyd-Warshall算法的子问题为何与Bellman-Ford算法的子问题形成鲜明对照，前者增加了没有环路这个条件（指第6.4.1节下Floyd-Warshall算法：子问题下的(iv)条件）。

④ 这个方法对于单源最短路径问题并不是很适用，因为后段路径 P_2 将具有错误的源顶点。

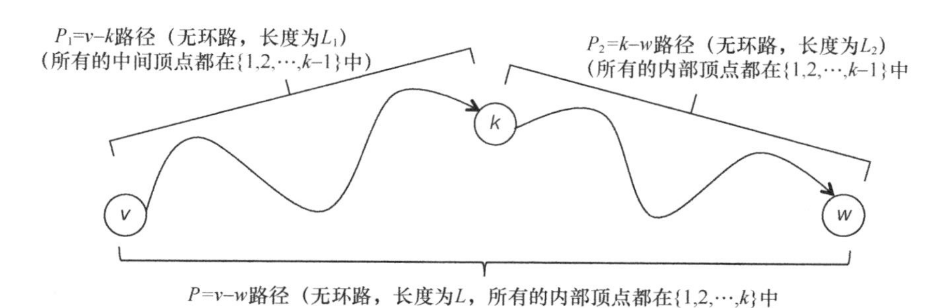

图 6.13　路径 P 是两个更小子问题的解决方案之和

读者可以猜到下一个步骤：我们想要证明 P_1 和 P_2 是这两个更小子问题的最优解决方案。事实上也确实如此。设 L、L_1 和 L_2 分别表示 P、P_1 和 P_2 的长度。由于 P 是 P_1 和 P_2 的并集，因此 $L = L_1 + L_2$。

假设我们采用反证法，即 P_1 不是它的子问题的最优解决方案，P_2 的论证与此类似。然后，有一条从 v 到 k 的无环路径 P_1*，它的内部顶点在{ 1, 2,⋯, $k-1$ }中且长度 $L_1^*<L_1$。但是这样一来，把 P_1*与 P_2 连接在一起就形成了一条从 v 到 w 的无环路径 P*，其内部顶点在{ 1, 2,⋯, k}中且长度 $L_1^* + L_2 < L_1 + L_2 = L$，这就与 P 是最优解决方案的前提相悖。

小测验 6.5

读者能看出上面的论证过程所存在的漏洞(选择所有合适的答案)吗，是什么？

（a）P^*_1 与 P_2 连接所产生的 P*不需要源顶点为 v

（b）P*不需要目标顶点为 w

（c）P*不需要内部顶点只能在{1, 2,⋯,k}中

（d）P*不需要是无环的

（e）P*的长度不需要小于 L

（f）不存在漏洞

（关于正确答案和详细解释，参见第 6.4.6 节。）

这种漏洞是致命的吗？还是只需要一点改进就能避免？假设 P_1*与 P_2 连接所产生的 P*存在环路。通过反复地剪拼环路（例如图 3.2 以及第 3.1.2 节的脚注②），

我们可以从 P^*中提取一条无环路径 $\hat{P}$，它具有相同的源顶点 v 和目标顶点 w，并且它的内部顶点只会更少。$\hat{P}$ 的长度等于 P^*的长度 L^*减去被剪拼的环路中各边长度之和。

如果输入图中不存在负环，对环路进行剪拼只会缩短路径，此时的长度不会超过 L^*。在这种情况下，我们就论证了下面这个证明：$\hat{P}$ 是条无环路的 v - w 路径，所有的内部顶点都在$\{1, 2,\cdots,k\}$中，并且其最大长度 $L^*< L$，从而与原路径 P 是最优解决方案的前提相悖。我们可以得出结论，顶点 k 确实把最优解决方案 P 分割为两个更小子问题的最优解决方案 P_1 和 P_2。

我们并不需要计算包含负环的输入图的最短路径长度（可以回顾第 6.3 节的问题定义）。我们可以通过下面这个最优子结构辅助结论来宣布胜利。

辅助结论 6.4（Floyd-Warshall 算法的最优子结构）

设 $G=(V, E)$是一个边长度为实数值的有向图，并且不包含负环，且 $V = \{ 1, 2,\cdots,n\}$。假设 $k\in\{ 1, 2,\cdots, n \}$且 $v, w\in V$，并设 P 为 G 中一条具有最短长度的无环 v - w 路径，其所有内部顶点都在$\{ 1, 2,\cdots, k \}$中。则 P 为下列之一：

（a）所有内部顶点都在$\{ 1, 2,\cdots, k-1\}$中的无环最短 v - w 路径；

（b）所有内部顶点都在$\{ 1, 2,\cdots, k-1\}$中的无环最短 v - k 路径与所有内部顶点都在$\{ 1, 2,\cdots, k-1\}$中的无环最短 k - w 路径连接产生的路径。

或者采用递归形式。

推论 6.2（Floyd-Warshall 的推导公式）根据与辅助结论 6.4 相同的前提和概念，设 $L_{k,v,w}$ 表示一条所有内部顶点都在$\{ 1, 2,\cdots, k \}$中的最短无环 v - w 路径的长度（如果不存在这样的路径，则 $L_{k,v,w}=+\infty$）。对于每个 $k\in\{ 1, 2,\cdots, n \}$和 $v, w\in V$，存在

$$L_{k,v,w} = \min\begin{cases} L_{k-1,v,w} & \text{情况1} \\ L_{k-1,v,k} + L_{k-1,k,w} & \text{情况2} \end{cases} \tag{6.2}$$

6.4.3 伪码

假设我们知道输入图不存在负环，此时就适用辅助结论 6.4 和推论 6.2。我

们可以使用推导公式系统地解决所有的子问题，从最小的子问题到最大的子问题。作为起点，解决方案的基本情况是怎么样的（$k=0$ 并且不允许内部顶点）？

小测验 6.6

设 $G=(V, E)$是输入图。下面这几种基本情况下的 $L_{0,v,w}$ 分别是什么：① $v=w$；② (v,w)是 G 的边；③ $v \neq w$ 且(v,w)不是 G 的边。

（a）0、0 和$+\infty$

（b）0、ℓ_{vw} 和 ℓ_{vw}

（c）0、ℓ_{vw} 和$+\infty$

（d）$+\infty$、ℓ_{vw} 和$+\infty$

（关于正确答案和详细解释，参见第 6.4.6 节。）

Floyd-Warshall 算法使用小测验 6.6 的答案计算基本情况，并使用推论 6.2 的推导公式计算剩余的子问题。伪码中的最后一个 for 循环检测输入图是否包含了负环，第 6.4.4 节将对它进行解释。关于这个算法的实际运行例子，可以参考问题 6.4 和问题 6.5。

Floyd-Warshall 算法

输入： 采用邻接列表或邻接矩阵表示形式的有向图 $G=(V, E)$，每条边 $e \in E$ 具有实数值的边长 ℓ_e。

输出： 每对顶点 $v,w \in V$ 的 dist(v,w)，或声明 G 包含了负环。

任意地给顶点 $V=\{1,2,\cdots,n\}$加上标签

```
// 子问题（k 的索引从 0 开始，v, w 从 1 开始）
A := (n + 1) × n × n //三维数组
// 基本情况（k = 0）
for v = 1 to n do
    for w = 1 to n do
        if v = w then
            A[0][v][w] := 0
        else if (v,w)是 G 的一条边 then
```

```
                A[0][v][w] := l_vw
            else
                A[0][v][w] := +∞
//系统地解决所有的子问题
for k = 1 to n do // 子问题的大小
    for v = 1 to n do // 源顶点
        for w = 1 to n do // 目标顶点
            // 使用推论 6.2 的推导公式
            A[k][v][w]:=
            min{A[k-1][v][w], A[k-1][v][k]+A[k-1][k][w]}
                  (情况1)          (情况2)
// 检测负环
for v = 1 to n do
    if A[n][v][v] < 0 then
        return "negative cycle" // 参见辅助结论 6.5
return {A[n][v][w]} v,w∈V
```

这个算法使用一个三维的子问题数组和一组对应的三重嵌套 for 循环，因为子问题是由 3 个参数（起点、终点以及前驱顶点）索引的。

重要的是外层循环是通过子问题的大小 k 索引的，因此所有相关的项 $A[k-1][v][w]$在每个内层循环的迭代中都可以在常数级的时间内获取（第 2 个和第 3 个 for 循环的顺序无关紧要）。子问题的数量是 $O(n^3)$，算法为每个子问题执行 $O(1)$的工作量（不包括这个三重 for 循环之外的 $O(n^2)$工作量），因此它的运行时间是 $O(n^3)$。[①,②] 对 k 进行归纳以及推论 6.2 的推导公式的正确性意味着当输入图不存在负环时，这个算法能够正确地计算每一对顶点之间的最短路径的长度。[③]

6.4.4 检测负环

当输入图存在负环时会发生什么情况呢？我们怎样才能知道最后一批子问

① 与大多数的图的算法不同，Floyd-Warshall 算法对于采用邻接矩阵（当$(v, w) \in E$ 时，矩阵的(v, w)项为 ℓ_{vw}，否则为$+\infty$）和邻接列表形式的输入图具有相同的速度，并且都很容易实现。

② 由于一批子问题的解决方案只依赖于前一批子问题的解决方案，因此这个算法在实现时只需要使用$O(n^2)$的空间（与问题 5.5 类似）。

③ 如果读者在接触动态规划算法之前就学习过 Floyd-Warshall 算法，那么读者的反应可能是这样：这是一种令人印象深刻的优美算法，但我怎么才能想出这种算法呢？在动态规划上达到“黑带级别”（至少“褐带级别”）的水准之后，我希望读者现在的反应是：我之前怎么会想不出这种算法啊？

题的解决方案是否值得信任呢？子问题数组的“对角线”项能够说明问题。[1]

辅助结论 6.5（检测负环）当且仅当 Floyd-Warshall 算法结束时某个顶点 $v \in V$ 存在 $A[n][v][v] < 0$ 时，输入图 $G=(V, E)$中存在负环。

证明：如果输入图中没有负环，则 Floyd-Warshall 算法正确地计算出所有最短路径的长度；顶点 v 到自身不存在比空路径（长度为 0）更短的路径。因此，在算法结束时对于所有的 $v \in V$ 都满足 $A[n][v][v] = 0$。

为了证明反过来的结论，假设 G 存在负环。这意味着 G 中的这个负环除了起点和终点之外没有重复的顶点。（能明白为什么吗？）设 C 表示一个任意的这种负环。Floyd-Warshall 算法不需要计算正确的最短路径长度，但 $A[k][v][w]$最大不会超过内部顶点限制在$\{1, 2,\cdots, k\}$的无环 v - w 路径的最小长度（可以通过对 k 进行归纳而得到验证）。

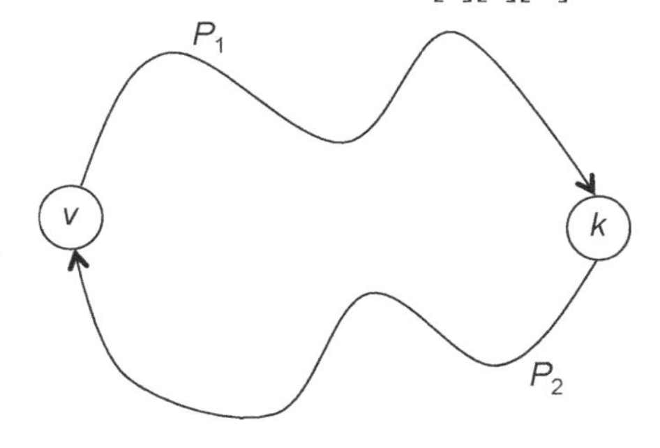

图 6.14　负环

假设C的顶点k具有最大的标签。设$v \neq k$是 C 的另外一个顶点，如图 6.14 所示。

这个环路的两边 P_1 和 P_2 分别是无环的 v - k 路径和 k - v 路径，它们的内部顶点限制在$\{1,2,\cdots, k-1\}$中。因此 $A[k][v][v]$最大不会超过 $A[k-1][v][k] + A[k-1][k][v]$，且最大不会超过环路 C 的长度（小于 0）。$A[n][v][v]$的最终值只可能更小。**证毕**。

6.4.5 Floyd-Warshall 算法的总结和开放性问题

下面是我们目前对 Floyd-Warshall 算法所知的一切进行的总结。

定理 6.2（Floyd-Warshall 算法的属性）对于每个包含 n 个顶点且边长为实数值的输入图 $G=(V, E)$，Floyd-Warshall 算法的运行时间是 $O(n^3)$，它产生下列结果之一：

（a）返回每一对顶点 $v,w \in V$ 的最短路径的长度；

（b）检测到 G 包含了一个负环。

---

① 如果想了解一种不同的方法，可以参考问题 6.6。

和往常一样，我们可以对 Floyd-Warshall 算法所计算的最终数组进行回溯，对最短路径进行重建。[①]

对于 Floyd-Warshall 算法的立方级运行时间，我们应该产生什么感想？我们无法期望优于立方级的运行时间（运行时间为 4 次方级时需要报告），但立方级和 4 次方级的运行时间之间存在巨大的差距。我们能不能做得更好？没人知道！算法领域最大的开放性问题之一就是 n 个顶点的图的所有顶点对的最短路径问题是否存在一种算法能够实现 $O(n^{2.99})$的运行时间。[②]

6.4.6 小测验 6.5～6.6 的答案

1. 小测验 6.5 的答案

正确答案：（d）。P_1*和 P_2 连接之后产生的 P*肯定是以 v 为起点（因为 P_1*是以 v 为起点的），并以 w 为终点（因为 P_2 是以 w 为终点的）的。P*的内部顶点与 P_1*和 P_2 的内部顶点相同，再加上新的内部顶点 k。由于 P_1*和 P_2 的所有内部顶点都在$\{1, 2,\cdots,k-1\}$中，因此 P*的所有内部顶点都在$\{1, 2,\cdots,k\}$中。两条路径连接之后的长度是它们的长度之和，因此 P*的长度确实是 $L^*_1 + L_2 < L$。

问题在于两条无环路径连接之后所产生的路径并不一定是无环的。例如，在图 6.15 中，把路径 $1 \to 2 \to 5$ 与路径 $5 \to 3 \to 2 \to 4$ 连接之后所产生的路径包含了有向环 $2 \to 5 \to 3 \to 2$。

2. 小测验 6.6 的答案

正确答案：（c）。如果 $v = w$，唯一没有内部顶点的 v - w 路径是空路径（长

---

① 与 Bellman-Ford 算法类似，为每对顶点 v, w 维护一条内部顶点受限于$\{1, 2,\cdots,k\}$的最短长度的无环 v - w 路径的最后一次跳跃是个很好的思路（如果顶点对 v, w 在第 k 批子问题时适用于推导公式的第一种情况，那么这对顶点的最短路径的最后一次跳跃保持不变。如果是第二种情况，v, w 的最后一次跳跃被重置为 k, w 的最近一次跳跃）。这样，一对特定顶点的最短路径的重建就只需要 $O(n)$的时间。

② 对于不是特别稠密的图，我们可以比 Floyd-Warshall 算法做得更好。例如，一种巧妙的技巧是可以把所有顶点对的最短路径问题（存在负的边长）简化为调用一次 Bellman-Ford 算法，然后调用 $n-1$ 次 Dijkstra 算法。这种简化被称为 Johnson 算法，它在 algorithmsilluminated 网站的附赠视频中有所描述。它的运行时间是 $O(mn)+(n-1)\cdot O(m\log n) = O(mn\log n)$。除非 m 非常接近于 n 的 4 次方，否则它比 n 的 3 次方要好一些。

度为 0)。如果$v,w\in E$，唯一这样的路径是单跳的 v - w 路径（长度为ℓ_{vw}）。如果 $v\neq w$ 且$(v,w)\notin E$，就不存在没有内部顶点的 v - w 路径，因此$L_{0,v,w}=+\infty$。

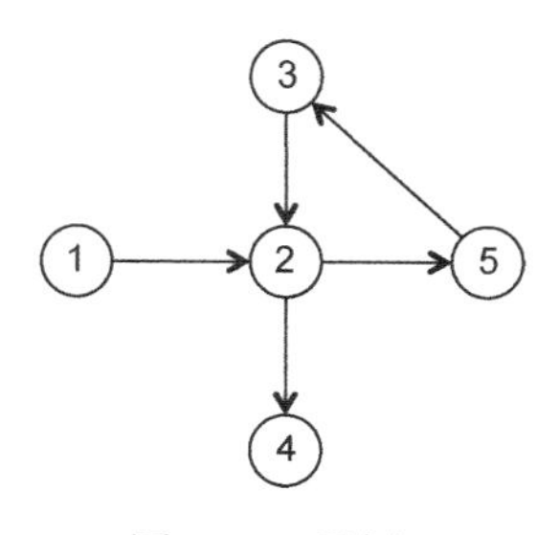

图 6.15　示例 6

6.5　本章要点

- 在包含负环的图中定义最短路径的长度并不是显而易见的事情。
- 在单源最短路径问题中，输入包括一个具有边长的有向图，并且包含一个源顶点。这个问题的目标是计算从这个源顶点到图中每个其他顶点的最短路径的长度，或者检测图中是否存在负环。
- Bellman-Ford 算法是一种动态规划算法，可以在 $O(mn)$时间内解决单源最短路径问题，其中 m 和 n 分别表示输入图中边和顶点的数量。
- Bellman-Ford 算法的关键思路是在目标顶点之外再加上一个边预算 i，然后对子问题进行参数化，且只考虑边数不大于 i 的路径。
- Bellman-Ford 算法在 Internet 路由协议的演变中扮演了一个重要的角色。
- 在所有顶点对的最短路径问题中，输入包括一个具有边长的有向图，它的目标是计算从每个顶点到其他任何顶点的最短路径的长度，或者检测到输入图中存在负环。
- Floyd-Warshall 算法是一种动态规划算法，可以在 $O(n^3)$的时间内解决所有顶点对的最短路径问题，其中 n 是输入图中顶点的数量。
- Floyd-Warshall 算法的主要思路是根据 k 个顶点（在起点和终点之外）的前

驱对子问题进行参数化，只考虑所有内部顶点都在$\{1, 2, \cdots, k\}$中的无环路径。

6.6 章末习题

问题 6.1（S） 对于图 6.16，第 6.2 节的 Bellman-Ford 算法所生成的最终数组项是什么？

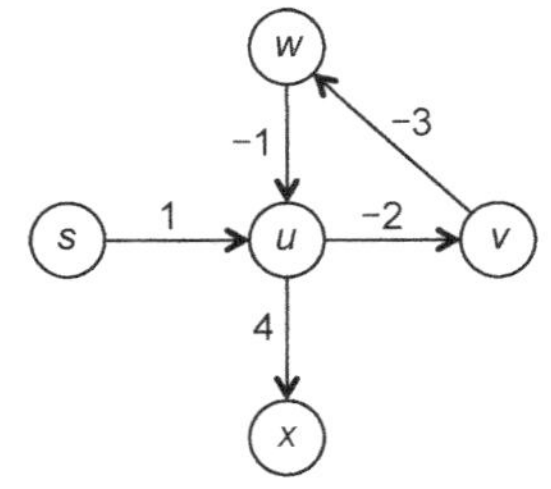

图 6.16 示例 7

问题 6.2（S） 辅助结论 6.2 说明了当子问题的解决方案在 Bellman-Ford 算法中开始保持稳定时（对于每个目标顶点 v，均满足 $L_{k+1,v} = L_{k,v}$），它们就会一直保持稳定（对于所有的 $i \geqslant k$ 和 $v \in V$，均满足 $L_{i,v} = L_{k,v}$）。对于每个顶点，这个结论是否仍然正确？也就是说，对于某个 $k \geqslant 0$ 和某个目标顶点 v，当 $L_{k+1,v} = L_{k,v}$ 时，对于所有的 $i \geqslant k$ 都满足 $L_{i,v} = L_{k,v}$ 吗？提供证明或者提供一个反例。

问题 6.3（H） 顶点输入图是一个有向图 $G=(V, E)$，它具有 n 个顶点和 m 条边，有一个源顶点 $s \in V$，每条边的长度均为实数值，并且图中不存在负环。假设我们知道 G 中的每条从 s 出发到其他顶点的最短路径最多包含 k 条边。最快能够在什么时间内解决这个单源最短路径问题（选择能够保证正确性的最优答案）？

（a）$O(m + n)$

（b）$O(kn)$

（c）$O(km)$

（d）$O(mn)$

问题 6.4（S） 对于图 6.17，第 6.4 节的 Floyd-Warshall 算法所生成的最终数组项是什么？

问题 6.5（S） 对于图 6.18，Floyd-Warshall 算法所生成的最终数组项是什么？

Floyd-Warshall 算法所生成的最终数组项是什么？

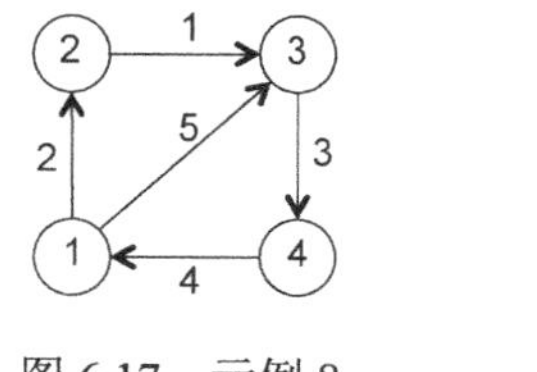

图 6.17 示例 8

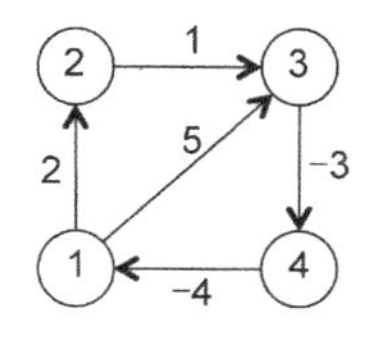

图 6.18 示例 9

挑战题

问题 6.6（S） 对于 n 个顶点和 m 条边的输入图，Floyd-Warshall 算法的运行时间是 $O(n^3)$，不管输入图是否包含了负环。对算法进行修改，当输入图包含负环时在 $O(mn)$时间内解决所有顶点对的最短路径问题，否则就在 $O(n^3)$时间内解决。

问题 6.7（H） 下面哪些问题可以在 $O(n^3)$时间内解决？其中 n 表示输入图中顶点的数量。

（a）假设输入是一个有向图 $G=(V, E)$并且图中的边长均为非负值，计算任何顶点对之间的一条最短路径的最大长度（$\max_{v, w\in V} \text{dist}(v,w)$）

（b）假设输入是一个有向无环图并且图中的边长均为实数值，计算任何顶点对之间的一条最长路径的长度

（c）假设输入是一个有向图并且图中的边长均为非负值，计算任何顶点对之间的一条最长无环路径的长度

（d）假设输入是一个有向图并且图中的边长均为实数值，计算任何顶点对之间的一个最长无环路径的长度

编程题

问题 6.8 用自己最喜欢的编程语言实现 Bellman-Ford 和 Floyd-Warshall 算法。对于所有顶点对的最短路径问题，Floyd-Warshall 算法比 n 次调用 Bellman-Ford 算法要快多少？

附加题：实现定理 6.1 的脚注①、第 6.4.4 节的脚注②、第 6.4.5 节的脚注①所规划的空间优化和线性时间的重建算法。

附录 C

章末习题答案节选

问题 1.1 的提示：与第 1.4 节的算法相似，其中一种贪心算法可以通过交换参数法证明其正确性。

问题 1.2 的提示：对于每种不正确的算法，都存在一个只包含两个作业的反例。

问题 1.3 的提示：设 S_i 表示具有第 i 个结束时间的作业集合。通过数学归纳法证明我们所选择的贪心算法从 S_i 中选择不冲突作业的最大可能数量。

问题 2.1 的答案：(a)。例如，通过图 1 所示的编码方案实现。

问题 2.2 的答案：(a)。例如，通过图 2 所示的编码方案实现。

符号	编码
A	00
B	01
C	10
D	110
E	111

图 1　编码方案 1

符号	编码
A	110
B	1110
C	0
D	1111
E	10

图 2　编码方案 2

问题 2.3 的提示：关于最多位数，可以认为符号频率是 2 的乘方。

问题 2.4 的提示：对于 (c)，证明一个频率小于 0.33 的字母在最后一次迭代之前至少参与了一次合并。对于 (d)，参见问题 2.2。

问题 2.5 的答案：按照频率对符号进行排序，并按照升序将它们插入 Q_1 中。[①]初始化一个空的队列 Q_2。维护下面两个不变性：①Q_1 的元素对应于当前森林 F 中的单节点树；②Q_2 的元素对应于 F 的多节点树，按照符号频率之和的升序存储。在算法的每次迭代中，可以在队头使用常数级操作确认和删除具有最小符号频率之和的树 T_1 和 T_2。T_3 与 T_1 和 T_2 的合并结果插入 Q_2 的尾部。（思考一下，为什么不变性②仍然能够维持？）每个队列操作（从队头删除或者在队尾添加）的运行时间是 $O(1)$，因此主循环的 $n-1$ 次迭代的总运行时间是 $O(n)$。

问题 3.1 的提示：为了推导出 T，可以使用推论 3.1 或最小瓶颈属性。为了推导出 P，可以考虑两条具有不同边数的 s-t 路径。

问题 3.2 的提示：使用辅助结论 3.2 证明其输出是一棵生成树。证明不能满足最小瓶颈属性的每条边都被排除在最终的输出之外，并使用定理 3.4。

问题 3.3 的提示：4 个问题中有 3 个可以很轻松地简化为 MST 问题。关于其中之一，可以利用下面这个结论：对于 $x, y > 0$，满足 $\ln(x \cdot y) = \ln x + \ln y$。

问题 3.4 的答案：假设 $e = (v, w)$是图 G 的一棵 MST 中的一条边，它不满足最小瓶颈属性，并设 P 表示 G 中的一条 v - w 路径，这条路径中每条边的成本都小于 c_e。从 T 中删除 e 会产生两个连通分量 S_1（包含 v）和 S_2（包含 w）。v - w 路径 P 包含了一条边 $e' = (x, y)$，其中 $x \in S_1$ 且 $y \in S_2$。边集 $T' = T - \{e\} \cup \{e'\}$是一棵生成树，它的总成本低于 T 的总成本，这就与 T 是一棵 MST 的假设相悖。

问题 3.5 的答案：我们规划了 Kruskal 算法的论证过程，Prim 算法的论证过程与之相似。设 $G=(V,E)$是一个无向连通图，具有实数值的边成本且无须各不相同。我们可以假设并不是所有的边都具有相同的成本，而且在更普遍的情况下并不是所有的生成树都具有相同的成本（为什么？）。设 δ_1 表示两条边的成本之间严格最小的正差。设 M^*表示 G 的一棵 MST 的成本，M 表示 G 的一棵次优生成树的最小成本。将 δ_2 定义为 $M - M^*$，并且 $\delta = \min\{\delta_1, \delta_2\} > 0$。

---

① 如果读者不熟悉队列，现在就是一个很好的时机，通过自己所喜欢的编程入门书籍（或通过维基百科）对它进行了解。要点在于队列是一种维护一个对象列表的数据结构，可以在常数级时间内在队头移除数据项或者从队尾添加数据项。实现队列的一种方式是使用双链表。

设 e_i 表示 Kruskal 算法所考虑的 G 的第 i 条边（在预处理排序步骤中，如果存在平局，就任意地确定先后）。把每条边 e_i 的成本从 c_{ei} 增加到 $c'_{ei} = c_{ei} + \delta/2^{(m-i+1)}$（其中 m 表示边的数量），根据 G 获得一个新图 G'。每棵生成树的成本只会增加，最多增加 $\delta \cdot \sum_{i=1}^{m} 2^{(m-1+1)} = \delta \sum_{i=1}^{m} 2^{-i} < \delta$。

由于 $\delta \leqslant \delta_2$，因此 T 如果是 G'的 MST，它肯定也是 G 的生成树。由于 $\delta \leqslant \delta_1$，且边 e_i 是 G'中第 i 条成本最低的边，因此 G'的边具有不同的成本。Kruskal 算法按照相同的顺序检查 G 和 G'中的边，因此两者都会出现相同的生成树 T^*。在具有不同边成本的图的 Kruskal 算法的正确性证明中，我们知道 T^*是 G'的一棵 MST，因此它也是 G 的一棵 MST。

问题 3.6 的提示：沿用定理 3.4 的证明。

问题 3.7 的答案：对于（a），可以采用反证法，设 T 是一棵不包含 $e = (v, w)$ 的 MST。作为生成树，T 包含了一条 v - w 路径 P。由于 v 和 w 位于切割(A, B)的不同侧，因此 P 包含了一条跨越(A, B)的边 e'。根据假设，e'的成本大于 e 的成本。因此 $T' = T \cup \{e\} - \{e'\}$是棵边成本小于 T 的生成树，这就与 T 是 MST 的假设相悖。对于（b），Prim 算法的每次迭代都在穿越切割$(X, V - X)$（其中 X 是到目前为止的解决方案所生成的顶点集合）的边中选择成本最小的边 e。然后，切割属性提示了每棵 MST 都包含这个算法的最终生成树 T 中的每条边，因此 T 是唯一的一棵 MST。对于（c），情况也是类似，Kruskal 算法所选择的每条边由切割属性裁定。算法所添加的每条边 $e = (v, w)$到目前为止的解决方案中端点分别位于不同连通分量中的边中成本最低的（总是存在添加之后不会形成环路的边）。具体地说，e 是跨越切割(A, B)中成本最低的边，其中 A 是 v 当前所在的连通分量，$B = V - A$ 是其他所有连通分量。

问题 3.8 的提示：对于（a），高层思路是对一棵 MBST 的瓶颈执行一次二分搜索。计算输入图 G 的中位边成本（如何在线性时间内完成这个任务？参见卷 1 的第 6 章）。剔除 G 中所有边成本大于中位边成本的边而得到 G'。接着对一个边数只有 G 的一半的图进行递归式的操作。（如果 G'是连通图就比较简单，如果 G'不是连通图又该怎么递归呢？）关于运行时间分析，可以使用归纳法或者使用主方法的第二种情况（在卷 1 的第 4 章有描述）。对于（b），答案看上去是否定的（每棵 MST 都是 MBST，但反过来并非如此，读者可以验证）。关于 MST 问题是否存在一种确定性的线性时间的算法至今仍然是一个开放性的问题。关于这方面的详细信息，可以观看 algorithmsilluminated 网站的附赠视频。

问题 4.1 的答案如下。

0	5	5	6	12	12	16	18

第 1 个、第 4 个和第 7 个属于这个 MWIS。

问题 4.2 的提示：对于（a）和（c），可以回顾 6.1 节的 4 顶点例子。对于（d），使用归纳法和辅助结论 4.1。

问题 4.3 的提示：如果 G 是一棵树，以任意一个顶点作为它的根节点，并为每棵子树定义一个子问题。对于一个任意的图 G，我们的子问题将会是怎么样的呢？

问题 4.4 的答案：列以 i 为索引，行以 c 为索引，如图 3 所示。

第 2 项、第 3 项和第 5 项属于最优解决方案。

问题 4.5 的提示：对于（b）和（c），在第 4.5 节的原背包问题的动态规划解决方案中添加第 3 个参数。对于（d），我们对（c）的解决方案的一般化是如何根据背包的数量而伸缩的？

问题 5.1 的答案：列以 i 为索引，行以 j 为索引，如图 4 所示。

9	0	1	3	6	8	10
8	0	1	3	6	8	9
7	0	1	3	6	7	9
6	0	1	3	6	6	8
5	0	1	3	5	5	6
4	0	1	3	4	4	5
3	0	1	2	4	4	4
2	0	1	1	3	3	3
1	0	1	1	1	1	1
0	0	0	0	0	0	0
	0	1	2	3	4	5

图 3 最终数组项 1

6	6	5	4	5	4	5	4
5	5	4	5	4	3	4	5
4	4	3	4	3	4	5	6
3	3	2	3	4	3	4	5
2	2	1	2	3	4	3	4
1	1	0	1	2	3	4	5
0	0	1	2	3	4	5	6
	0	1	2	3	4	5	6

图 4 最终数组项 2

问题 5.2 的提示：在每个循环迭代中，是否已经在以前的迭代中（或作为基本条件）完成了必要的子问题解决方案的计算？

问题 5.3 的解决方案：（b）和（d）的问题可以使用与 NW 算法相似的算法解决，前驱输入字符串中的每对 X_i, Y_j 都表示一个子问题。另外，（b）的问题可以通过把空位扣分值设置为 1 并把两个不同符号的不匹配扣分值设置为一个非常大的数而简化为序列对象问题。

（a）的问题可以通过 NW 算法的一般化来解决，就是记录一个插入的空位是否是一个空位序列的第一个（如果是，扣分就是 $a + b$。如果不是，额外的扣分就是 a）。对于前驱输入字符串中的每一对字符，计算 3 种对齐方式的总扣分：最后一列没有空位的最佳对齐方式、最后一列的上面为空位的最佳对齐方式以及最后一列的下面为空位的最佳对象方式。子问题的数量以及每个子问题的工作量都通过一个常数因子而被放大。

（c）的问题可以不使用动态规划就高效地解决。简单地对每个字符串中每个符号的频率进行计数。当且仅当每个符号在每个字符串中所出现的数量相同时才存在排列 f。（能明白为什么吗？）

问题 5.4 的答案：列以 i 为索引，行以 $j = i + s$ 为索引，如图 5 所示。

7	223	158	143	99	74	31	25	0
6	151	105	90	46	26	3	0	
5	142	97	84	40	20	0		
4	92	47	37	10	0			
3	69	27	17	0				
2	30	5	0					
1	20	0						
0	0							
	1	2	3	4	5	6	7	8

图 5 最终数组项 3

问题 5.5 的提示：这个问题的思路是当一个子问题的解决方案被认为与未来的计算无关时，就可以复用它的空间。为了实现它的完整计算，WIS 算法必须记住两个最近的子问题。NW 算法必须记住 i 的当前值和前一个值以及 j 的所有值的子问题解决方案。（为什么？）OptBST 算法又是怎么样的？

问题 5.6 的提示：不需要解决$|i-j|>k$时前驱X_i和Y_j的子问题。

问题 5.7 的提示：算法的运行时间上界应该是 n 的一个二项式函数，这是一个相当大的二项式！

问题 6.1 的答案：列以 k 为索引，行以顶点为索引，如图 6 所示。

	0	1	2	3	4	5
x	+∞	+∞	5	5	5	−1
w	+∞	+∞	+∞	−4	−4	−4
v	+∞	+∞	−1	−1	−1	−7
u	+∞	1	1	1	−5	−5
s	0	0	0	0	0	0

图 6　最终数组项 4

问题 6.2 的答案：否。关于它的反例，可以查看前一个问题。

问题 6.3 的提示：可以考虑早早停止一个最短路径算法。

问题 6.4 的答案：列以 k 为索引，行以顶点对为索引，如图 7 所示。

	0	1	2	3	4
(1,1)	0	0	0	0	0
(1,2)	2	2	2	2	2
(1,3)	5	5	3	3	3
(1,4)	+∞	+∞	+∞	6	6
(2,1)	+∞	+∞	+∞	+∞	8
(2,2)	0	0	0	0	0
(2,3)	1	1	1	1	1
(2,4)	+∞	+∞	+∞	4	4
(3,1)	+∞	+∞	+∞	+∞	7
(3,2)	+∞	+∞	+∞	+∞	9
(3,3)	0	0	0	0	0
(3,4)	3	3	3	3	3
(4,1)	4	4	4	4	4
(4,2)	+∞	6	6	6	6
(4,3)	+∞	9	7	7	7
(4,4)	0	0	0	0	0

图 7　最终数组项 5

问题 6.5 的答案：列以 k 为索引，行以顶点对为索引，如图 8 所示。

	0	1	2	3	4
(1,1)	0	0	0	0	–4
(1,2)	2	2	2	2	–2
(1,3)	5	5	3	3	–1
(1,4)	+∞	+∞	+∞	0	–4
(2,1)	+∞	+∞	+∞	+∞	–6
(2,2)	0	0	0	0	–4
(2,3)	1	1	1	1	–3
(2,4)	+∞	+∞	+∞	–2	–6
(3,1)	+∞	+∞	+∞	+∞	–7
(3,2)	+∞	+∞	+∞	+∞	–5
(3,3)	0	0	0	0	–4
(3,4)	–3	–3	–3	–3	–7
(4,1)	–4	–4	–4	–4	–8
(4,2)	+∞	–2	–2	–2	–6
(4,3)	+∞	1	–1	–1	–5
(4,4)	0	0	0	–4	–8

图 8 最终数组项 6

问题 6.6 的答案：对输入图 $G=(V, E)$进行修改，添加一个新的源顶点 s 和一条新的从 s 到每个顶点 $v \in V$ 的零长度的边。当且仅当 G 存在负环时，新图 G' 具有一个 s 可达的负环。对源顶点为 s 的图 G'运行 Bellman-Ford 算法，检测 G 中是否包含了负环。如果没有，就对 G 运行 Floyd-Warshall 算法。

问题 6.7 的提示：最长路径问题只要把图的所有边都乘–1 就可以转换为最短路径问题。我们可以回顾第 6.1.2 节计算包含负环的图的最短无环路径问题，事实上必须承认这个问题不存在多项式时间的算法。这个事实对这 4 段陈述是否会产生影响？

后记

算法设计工作指南

完成了“算法详解”系列前3卷的学习之后，读者现在应该已经拥有一个功能丰富的算法工具箱，可以处理范围极广的计算问题。真正投入实战之后，读者可能会被算法、数据结构和设计范例的庞大数量所吓倒。面临一个新问题的严峻考验时，发挥这些工具的作用的最有效方式是什么？为了给读者提供一个良好的起点，我将介绍自己在理解一个新的计算问题时所使用的典型“配方”。我鼓励读者根据个人的经验开发自己的“配方”。

（1）能不能避免从头解决问题？它是不是我们已经知道怎样解决的一个问题的伪装版本、变型或特殊情况？例如，它是否可以简化为排序、图搜索或最短路径计算？[①]如果是，就选择足以解决这个问题的最快算法。

（2）能不能使用零代价的基本操作对问题的输入进行预处理，从而将其简化？例如对输入进行排序或计算它的连通分量？

（3）如果必须从头设计一种新的算法，使用一种“显而易见”的解决方案（例如穷举搜索）作为标准刻度进行衡量。这种显而易见的解决方案的运行时间是否已经可以满足要求？

① 如果读者继续对本系列图书范围之外的算法进行深入研究，可以学习一些一直以来以伪装形式存在的问题。其中的一些例子包括快速傅里叶变换、最大流量和最小切换问题、二分图的最大匹配以及线性和凸规划问题。

（4）如果这种显而易见的解决方案不能满足需要，通过头脑风暴的方式构思尽可能多的贪心算法，并通过一些较小的例子对它们进行测试。

这些很可能都会失败。但是它们的失败方式可以帮助我们更好地理解问题。

（5）如果存在一种很自然的方式把问题分解为更小的子问题，将它们的解决方案组合为原问题的解决方案的难度如何？如果明白自己能够高效地完成这个任务，就采用分治算法设计范例。

（6）尝试动态规划。论证是否可以通过几种方法之一从更小子问题的解决方案构建原问题的解决方案？是否可以生成一个推导公式，根据适当数量的更小子问题的解决方案快速解决一个子问题？

（7）如果进展顺利，我们为问题设计了一个良好的算法，是否可以通过部署正确的数据结构使它变得更好？观察算法不断执行的重要计算（例如查找或最小值计算）。记住精简原则：选择能够支持算法所需要的所有操作的最简单数据结构。

（8）是否可以使用随机化使算法变得更简单或更快速？例如，如果算法必须在多个对象中选择其中一个对象，如果采用随机选择的方式会怎么样？

（9）（将在卷 4 讨论）如果上述所有步骤均宣告失败，就静下心来平静地接受这个不幸但又很常见的事实，就是这个问题并不存在高效的算法。我们是否可以通过将其简化为一个已知的 NP 难题，使这个问题在计算的角度变得可行？

（10）（将在卷 4 讨论）再次对各个算法设计范例进行观察，这次的目标是寻找快速启发（尤其是贪心算法）和强于穷举搜索算法（尤其是动态规划算法）的机会。